高职高专土建类建筑工程造价系列教材

建筑工程计量与计价

主　编　李作宽

副主编　雷红梅　杜天瑞　陈小梅

主　审　徐延峰

U0275951

西安交通大学出版社
XI'AN JIAOTONG UNIVERSITY PRESS

内 容 提 要

    本教材主要是依据最新的《建设工程工程量清单计价规范》(GB 50500—2013)和《陕西省建设工程工程量清单计价规则》和《陕西省建设工程工程量清单计价费率》、《陕西省建筑装饰市政绿化工程价目表》、《陕西省建筑装饰工程消耗量定额》及《陕西省建设工程消耗量定额补充定额》，结合当地的实际案例编写而成。在具体内容安排上，同一个分部分项工程，采用"基本知识、定额计价模式下的计量与计价内容及例题、工程量清单计价模式下的计量与计价内容及例题"紧密结合的形式。

    本教材可作为高职高专土建类工程造价及其相关专业的教材，也可作为建筑工程单位、工程咨询部门和造价工程师的参考书。

高职高专土建类建筑工程造价系列教材编审委员会名单

主 任 委 员：穆建国

副主任委员：王晓华　李淑玲

　　　　　　吴修国　夏焱传

委　　　员：徐延峰　文　源　辛　科

　　　　　　张宏伟　谢国华　邵念勤

序言

为了全面贯彻《国务院关于大力推进职业教育改革与发展的决定》，认真落实《教育部关于全面提高高等职业教育教学质量的若干意见》，培养工程造价行业紧缺的技术应用型人才，依照高职高专土建类专业教学指导委员会编制的工程造价专业的教育标准、培养方案及主干课程教学大纲，我们组织了"高职高专土建类建筑工程造价系列教材"的编写。

这套教材以专业核心课程为主，适当考虑专业选修课程。教材的作者都是来自西安城市建设职业学院和西安欧亚学院高职学院教学一线的专、兼职教师，对工程造价专业的教育教学与教材建设深有切身的体会，并有一些独到的见解。在教材编写过程中，编者结合多年的教学及工程实践经验，经过反复讨论斟酌，不仅从教材内容的准确性和规范性上下工夫，而且充分考虑高职学生的认知规律，以培养学生综合运用所学知识解决造价实际问题的能力为出发点，注重贴近工程管理实践，对教材内容和结构进行大胆创新，力求使其更加适合学生今后从事相关专业工作的学习需要，更有利于应用型高级工程技术与管理人才的培养。

由于院校之间、编者之间的差异性，教材中难免会出现一些问题和不足，欢迎选用本系列教材的广大读者提出批评和建议，也希望参加这套教材编写的教师在今后的教学和科研实践中能够不断积累经验，充实教学内容，以使这套教材能够日臻完善。

高职高专土建类建筑工程造价系列教材编审委员会

前　言

"建筑工程计量与计价"是高职高专土建类工程造价等专业的一门重要专业课。本书依据国家最新的《建设工程工程量清单计价规范》(GB 50500—2013)和《陕西省建设工程工程量清单计价规则》(2014版)等计价标准,在西安城市建设职业学院和西安欧亚学院高职学院联合组成的高职高专土建类建筑工程造价系列教材编审委员会,简称"高职高专土建类建筑工程造价系列教材编审委员会"的大力支持下,两学院教师结合教学实际,以岗位职业能力构建教材内容体系,应用项目化理论组织课程内容。在具体内容安排上,同一个分部分项工程,采用"基本知识、定额计价模式下的计量与计价内容及例题、工程量清单计价模式下的计量与计价内容及例题"紧密结合的形式。本书通俗易懂,便于掌框和应用,更适合于高职院校的教学实际。

全书内容具体包括:绪论,建筑工程定额,建设工程工程量清单计价规范,建筑工程计价规则,建筑面积计算,土石方工程,桩与地基基础工程,砌筑工程,混凝土及钢筋混凝土工程,厂库房大门、特种门及木结构,金属结构工程,屋面及防水工程,防腐、保温隔热工程,施工措施项目,装饰、装修工程,工程计量与计价案例分析,广联达软件简介。通过本书的学习,使学生能够掌框建筑工程计量与计价的方法,具备分析、解决建筑工程计量与计价实际问题的能力。

本书由西安城市建设职业学院李作宽担任主编,西安欧亚学院雷红梅、西安交通工程学院杜天瑞和西安城市建设职业学院陈小梅担任副主编,由西安城市建设职业学院徐延峰担任主审。本书参加编写的人员及具体分工如下:李作宽编写了绪论、第1章、第2章、第3章、第4章,雷红梅编写了第5章、第6章、第7章、第8章、第9章、第10章,杜天瑞编写了第11章、第12章、第15章、第16章,陈小梅编写了第13章、第14章,西安城市建设职业学院田路、薛婷参与了本书的编写和电子课件的制作。

　　本书可作为高职高专土建类工程造价、工程监理、工程管理等专业的教学教材，也可作为建筑工程单位、工程咨询部门和造价工程师的参考书。

　　本书在编写的过程中，参考了相关标准资料和教材文献，在此向这些文献的作者表示衷心感谢！

　　由于作者水平有限，教材中如有不当，敬请读者批评指正。

编者

2014 年 5 月

目 录

绪 论 ·· (001)
  0.1 工程建设概述 ··· (001)
  0.2 建筑工程造价概述 ··· (002)
  思考与练习 ·· (004)

第 1 章 建筑工程定额 ·· (005)
  1.1 建筑工程定额概述 ··· (005)
  1.2 建筑工程施工定额 ··· (006)
  1.3 建筑工程预算定额 ··· (011)
  1.4 建筑工程企业定额 ··· (016)
  思考与练习 ·· (018)

第 2 章 建设工程工程量清单计价规范 ························ (019)
  2.1 概述 ·· (019)
  2.2 《建设工程工程量清单计价规范》(GB 50500—2013)摘录 ·· (020)
  思考与练习 ·· (069)

第 3 章 建筑工程计价规则 ·· (070)
  3.1 建筑工程费用组成与建筑工程类别的划分标准 ········· (070)
  3.2 定额计价模式和工程量清单计价模式的建筑工程计价规则 ·· (072)
  思考与练习 ·· (079)

第 4 章 建筑面积计算 ·· (080)
  4.1 建筑面积的概念 ··· (080)
  4.2 建筑面积的计算规则 ······································ (080)
  思考与练习 ·· (087)

第 5 章 土石方工程 ·· (088)
  5.1 基础知识 ·· (088)

　5.2　定额计量与计价 ································· (093)

　5.3　工程量清单计量与计价 ······················· (098)

　思考与练习·· (101)

第 6 章　桩与地基基础工程·························· (102)

　6.1　基础知识 ······································ (102)

　6.2　定额计量与计价 ································· (103)

　6.3　工程量清单计量与计价 ······················· (105)

　思考与练习·· (106)

第 7 章　砌筑工程································· (107)

　7.1　基础知识 ······································ (107)

　7.2　定额计量与计价 ································· (109)

　7.3　工程量清单计量与计价 ······················· (115)

　思考与练习·· (121)

第 8 章　混凝土及钢筋混凝土工程··················· (123)

　8.1　基础知识 ······································ (123)

　8.2　定额计量与计价 ································· (124)

　8.3　工程量清单计量与计价 ························· (132)

　思考与练习·· (132)

第 9 章　厂库房大门、特种门及木结构··············· (134)

　9.1　基础知识 ······································ (134)

　9.2　定额计量与计价 ································· (134)

　9.3　工程量清单计量与计价 ························· (136)

　思考与练习·· (137)

第 10 章　金属结构工程···························· (138)

　10.1　基础知识 ····································· (138)

　10.2　定额计量与计价 ································ (139)

　10.3　工程量清单计量与计价 ························ (140)

　思考与练习·· (140)

第 11 章　屋面及防水工程·························· (141)

　11.1　基础知识 ····································· (141)

　11.2　定额计量与计价 ································ (143)

　11.3　工程量清单计量与计价 ························ (145)

　思考与练习·· (148)

第 12 章　防腐、保温隔热工程 ·· (149)

12.1　基础知识 ·· (149)

12.2　定额计量与计价 ·· (151)

12.3　工程量清单计量与计价 ··· (153)

思考与练习 ··· (154)

第 13 章　施工措施项目 ··· (155)

13.1　模板措施项目 ·· (155)

13.2　脚手架措施项目 ·· (158)

13.3　垂直运输、超高及其他措施项目 ··· (161)

13.4　大型机械进出场及安拆措施项目 ··· (163)

13.5　构件运输及安装措施项目 ·· (164)

思考与练习 ··· (165)

第 14 章　装饰、装修工程 ·· (166)

14.1　定额计量与计价 ·· (166)

14.2　工程量清单计量与计价 ··· (182)

思考与练习 ··· (191)

第 15 章　工程计量与计价案例分析 ··· (192)

15.1　工程计量案例分析 ·· (192)

15.2　清单计价案例分析 ·· (205)

思考与练习 ··· (211)

第 16 章　广联达软件简介 ·· (212)

16.1　土建算量软件 GCL2013 ··· (212)

16.2　钢筋算量软件 GCL2013 ··· (217)

16.3　广联达计价软件 GBQ4.0 ·· (221)

参考文献 ··· (229)

绪　论

0.1　工程建设概述

0.1.1　工程建设的概念

工程建设是人们用各种施工机具、机械设备对各种建筑材料等进行建造和安装,使之成为固定资产的过程,包括固定资产的更新、改建、扩建和新建。与此相关的工作,如征用土地、勘察设计等,也属于工程建设的内容。

所谓固定资产,是指在生产和消费领域中实际发挥效能并长期使用着的劳动资料和消费资料,是使用年限在一年以上,且单位价值在规定限额以上的一种物质财富。

0.1.2　工程建设项目的划分

工程建设项目是一个有机的整体,为了建设项目的科学管理和经济核算,将建设项目由大到小划分为建设项目、单项工程、单位工程、分部工程和分项工程。如图 0-1 所示。

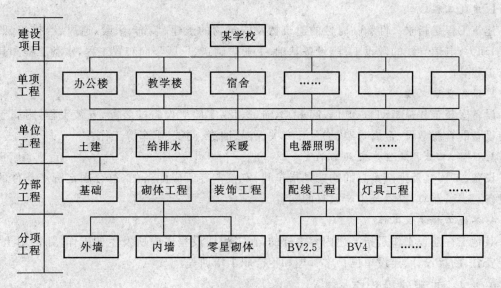

图 0-1　工程建设项目的划分示意图

1.建设项目

建设项目是指按一个总体设计进行施工的一个或几个单项工程的总体。建设项目在行政上具有独立的组织形式,在经济上实行独立核算。例如,新建一个工厂、一所学校、一个住宅小区等,都可称为一个建设项目。一个建设项目一般由若干个单项工程组成,特殊情况下也可以只包含一个单项工程。

2.单项工程

单项工程是指具有独立的设计文件,竣工后可以独立发挥生产设计能力或效益的工程,例如××学校中的图书馆。一个建设项目如果只包括一个单项工程,这个单项工程也可以称为建设项目。一个单项工程一般由若干个单位工程组成。

3. 单位工程

单位工程是指不能独立发挥生产设计能力或效益,但具有独立设计的施工图,可以独立组织施工的工程,例如图书馆中的土建工程、装饰工程。一个单位工程一般由若干个分部工程组成。

4. 分部工程

分部工程是单位工程的组成部分,它是按照单位工程的部位或工种划分的部分工程,例如装饰工程中的楼地面工程、墙柱面工程、天棚工程等,一个分部工程一般由若干个分项工程组成。

5. 分项工程

分项工程是建筑工程的基本构成单元,通过较为简单的施工过程就能完成,例如楼地面工程中的水泥砂浆楼地面、大理石楼地面等。

0.1.3　工程建设的内容

工程建设一般包括以下四个部分的内容:建筑工程,设备安装工程,设备、工器具及生产家具的购置,其他工程建设工作。

1. 建筑工程

建筑工程是指永久性和临时性的建筑物及构筑物的土建、装饰、采暖、通风、给排水、照明工程,动力、电信导线的敷设工程,设备基础、工业炉砌筑、厂区竖向布置工程,水利工程和其他特殊工程等。

2. 设备安装工程

设备安装工程是指动力、电信、起重、运输、医疗、实验等设备的装配、安装工程,附属于被安装设备的管线敷设、金属支架、梯台和有关保温、油漆、测试、试车等工作。

3. 设备、工器具及生产家具的购置

设备、工器具及生产家具的购置是指车间、实验室等所应配备的,符合固定资产条件的各种设备、工具、器具、仪器及生产家具的购置。

4. 其他工程建设工作

其他工程建设工作是指上述内容之外的,在工程建设程序中所发生的工作,如征用土地、拆迁安置、勘察设计、建设单位日常管理和生产职工培训等。

0.1.4　工程建设程序

工程建设程序如下: 决策阶段 → 设计阶段 → 准备阶段 → 施工阶段 → 竣工验收阶段 。

0.2　建筑工程造价概述

0.2.1　工程造价的概念

工程造价是建筑工程造价的简称,是工程费用、工程价格的统称。按照计价的范围和内容的不同,工程造价分为广义的工程造价和狭义的工程造价两种情况。

1. 广义的工程造价

广义的工程造价是指完成一个建筑项目所需固定资产投资费用的总和,包括工程建筑的全部费用。

2. 狭义的工程造价

狭义的工程造价是指建筑市场上承发包建筑安装工程的价格,即为建成一项工程,预期或实际在建筑市场、技术劳务市场以及承发包市场等交易活动中所形成的建筑安装工程的价格和建设工程总价格。

本书主要介绍狭义的工程造价。如果不作特殊说明,本书以下涉及的工程造价均指狭义的工程造价。

3. 工程造价的特点

(1)多次性。在工程建设的程序中,需要经历"估算→概算→修正概算→预算→结算→决算"的多次性计价。

(2)单件性。建筑工程的特点是先设计后施工,对于采用不同设计建造的建筑,必须单独计算造价,而不能像一般产品那样按品种、规格等批量定价。这就决定了建筑工程的计价必须是单件计价。

(3)组合性。建筑工程包含的内容很多,为了进行计价,首先需要将工程分解到计价的最小单元即分项工程,通过计算分项工程的价格汇总得到分部工程价格,分部工程价格汇总得到单位工程价格,单位工程价格汇总得到单项工程价格。这就是建设工程计价的组合性特点。

4. 建筑工程造价与工程建设程序的对应关系

建筑工程造价与工程建设程序的对应关系见表0-1。

表0-1 建筑工程造价与工程建设程序的各个阶段对应关系

序号	建设程序各个阶段	建筑工程造价	编制主体
1	决策阶段	投资估算	建设单位
2	设计阶段	设计概算、施工图预算	设计单位
3	准备阶段	施工图预算	建设单位、施工单位
4	施工阶段	施工图预算、工程结算	施工单位
5	竣工验收阶段	竣工决算	建设单位

0.2.2 工程计价的模式

工程计价的模式有两种,即定额计价模式(传统模式)与工程量清单计价模式(新模式)。

(1)定额计价法是我国使用了几十年的一种计价模式,其基本特征就是"价格＝定额＋费用＋文件规定",并作为法定性的依据强制执行,不论是工程招标编制标底还是投标报价均以此为唯一的依据,承发包双方共用一本定额和费用标准确定标底价和投标报价,一旦定额价与市场价脱节就影响计价的准确性。

定额计价是建立在以政府定价为主导的计划经济管理基础上的价格管理模式,它所体现的是政府对工程价格的直接管理和调控。随着市场经济的发展,我国曾提出过"控制量、指导价、竞争费""量价分离""以市场竞争形成价格"等多种改革方案。但由于没有对定额管理方式及计价模式进行根本的改变,以至于未能真正体现量价分离,以市场竞争形成价格。也曾提出过推行工程量清单报价,但实际上由于目前还未形成成熟的的市场环境,一步实现完全开放的市场还有困难,有时明显的是以量补价量价扭曲,所以仍然是以定额计价的形式出现,摆脱不了定额计价模式,不能真正体现企业根据市场行情和自身条件自主报价。

(2)工程量清单计价方式,是在建设工程招投标中,招标人自行或委托具有资质的中介机构编制反映工程实体消耗和措施性消耗的工程量清单,并作为招标文件的一部分提供给投标人,由投标人依据工程量清单自主报价的计价方式。在工程招标中采用工程量清单计价是国际上较为通行的做法。

我国加入 WTO 后,很多国外大的投资商进入中国来争占我国巨大的投资市场,我们也同时到国外去投资和经营项目,这就必须按照国际公认的游戏规则动作,我们过去习惯的与国际不通用方法必须作出重大调整。FIDIC 条款已为各国投资商及世界银行、亚洲银行等金融机构普遍认可,成为国际性的工程承包合同文本,必将成为我国工程招标文件的主要支撑内容。纵观世界各国的招标计价办法,绝大多数国家均采用最具竞争性的工程量清单计价方法。国内利用国际货款项目的招投标也都实行工程量清单计价。因此,为了与国际接轨就必须推广采用工程量清单即实物工程量计价模式。

为此,《建设事业"十五"计划纲要》提出,"在工程建设领域推行工程量清单招标报价方式,建立工程造价市场形成和有效监督管理机制。"这是建设工程承发包市场行为规范化、法制化的一项改革性措施,也是我国工程计价模式与国际接轨的一项具体举措,我国建设项目全面推行工程量清单招标报价也是大势所趋,如果我们不学习和研究工程量清单计价,总包单位无法参与投标,业主无法招标,咨询单位无法编标计价,一句话无法介入项目和市场。可见学习和研究工程量清单计价的必要性、迫切性和意义所在。

 思考与练习

1.试画图说明工程建设项目的划分。

2.简述工程造价的两种概念。

3.建设工程预算与工程建设程序的各个阶段对应关系如何?

4.工程计价的模式的种类有哪几种?

第1章

建筑工程定额

1.1　建筑工程定额概述

1.1.1　定额的产生和发展

"定"就是规定,"额"就是数额,定额就是规定一定的额度或数额,即标准或尺度。建筑工程定额是指在建筑工程中,消耗在单位合格建筑产品上人工、材料、机械、资金和工期的标准。

定额产生于19世纪末资本主义企业管理科学的发展初期,国际公认最早提出定额制度的是美国工程师泰勒。当时,美国正值工业的高速发展阶段,泰勒研究改进生产工具与设备,并提出一整套科学管理的方法,这就是著名的"泰勒制"。"泰勒制"给资本主义企业管理带来了根本性变革,为提高劳动效率作出了很大的贡献。

但实际上我国在很早以前就存在着定额制度,只不过未明确定额的形式而已。在我国古代工程中,一直都很重视工料消耗的计算,并形成了许多则例。这些则例可以看做是工料定额的原始形态。我国在北宋时期就由李诫编写了《营造法式》,清朝时工部编写了整套的《工程做法则例》。这些著作对工程的工料消耗量都作了较为详细的描述,可以认为是我国定额的前身。由于消耗量存在较为稳定的性质,因此,这些著作中的很多消耗量标准在现今的《仿古建筑及园林定额》中仍具有重要的参考价值,这些著作也仍然是《仿古建筑及园林定额》的重要编制依据。

民国期间,由于国家一直处于混乱之中,定额在国民经济中未能发挥其重要作用。新中国成立后,第一个五年计划(1953—1957年)时期我国开始兴起了大规模经济建设的高潮。国家颁布的典型文件有《1954年建筑工程设计预算定额》、《民用建筑设计和预算编制暂行办法》、《工业与民用建筑预算暂行细则》、《建筑工程预算定额》(其中规定按成本计算的2.5%作为法定利润)。1955年由原劳动部和建筑工程部联合编制的建筑业全国统一的劳动定额,共有定额项目4964个。到1956年增加到8998个,其中定额水平比1955年提高了5.2%。1958年到"文化大革命"时期,由于受到"左倾"思想的影响,撤销了一切定额机构,直到1962年,国家建筑工程部正式颁发了《全国建筑安装工程统一劳动定额》,开始逐步恢复定额制度。但1966年"文革"开始后,概预算定额管理遭到严重破坏。定额被说成是"管、卡、压"的工具。"设计无概算,施工无预算,竣工无结算"的状况成为普遍现象。1967年,建筑工程部直属企业实行经费制度。工程完工后向建设单位实报实销,从而使施工企业变成了行政事业单位。这一制度实行了6年,于1973年1月1日被迫停止,恢复建设单位与施工单位施工图预算、结算制度。1977年,国家恢复重建造价管理机构。1978年,国家计委、国家建委和财政部颁发《关于加强基本建设概、预、决算管理工作的几项规定》,强调了加强"三算"在基本建设管理中的作用和意义。1988年,建设部成立标准定额司,各省市、各部委建立了定额管理站,全国颁布一系列推动概预算管理和定额管理发展的文件,以及大量的预算定额、概算定额、估算指标。1995年,建设部又颁发了《全国统一建筑工程基础定额》,该基础定额是以保证工程质量为前提,完成按规定计量单位计量的分项工程的基本消耗量标准。在该基础定额中,按照"量、价分离,工程实体性消耗和措施性消耗分离"的原则来确定定额的表现形式。

1.1.2　定额与劳动生产率

定额即完成单位合格产品所需消耗的人力、物力和财力的数量标准。也就是说"定额"是规定了生产某种合格产品的人工、材料和机械消耗量的一本书,而人工和机械的消耗量与工人和机械的效率有关,高效率地生产一种产品比低效率地生产同种产品花费的时间少。"定额"是对生产各种产品规定其消耗量标准的一本书。"定额"也是规定了生产各种产品的劳动生产率标准的一本书。

随着社会的进步,劳动生产率也会变化,那么定额也应该变化,所以,定额不会是一成不变的,它会随着劳动生产率的变化而变化。劳动生产率的变化是渐进的,是在原来基础上的变化,因此,定额也就不断地在原来的基础上改版。

1.1.3　定额的分类

(1)按定额的适用范围分类。定额按其适用范围可分为:全国统一定额、地区统一定额、行业统一定额、企业定额和补充定额。

(2)按物质消耗的性质分类。定额按物质消耗的性质可分为:人工消耗定额、材料消耗定额和机械消耗定额。

(3)按定额的作用分类。定额按其作用可分为:生产性定额(如施工定额)和计价性定额(如预算定额)。

(4)按编制程序和用途分类。定额按编制程序和用途可分为:施工定额、预算定额、概算定额、概算指标和投资估算指标。

1.1.4　建筑工程定额的特性

1. 真实性和科学性

定额是反映劳动生产率的标准,标准只有在反映真实的情况下才有存在的可能,真实的东西同时也是科学的。

2. 系统性和统一性

虽然定额按不同形式有各种分类,但无论哪一种定额,它们的基本原理和表现形式是统一的,骨架的组成也是一致的。因此,只要理解了其中一类定额的组成,就能明白所有定额的组成。

3. 稳定性和时效性

定额是对劳动生产率的反映,劳动生产率是会变化的,因而定额也应有一定的时效性,同时,为了使用者方便,定额应有一定的稳定性。

1.2　建筑工程施工定额

1.2.1　施工定额的概念

施工定额是指在正常施工条件下,以建筑工程的施工过程或工序为测定对象,完成规定计量单位的某一施工过程或工序合格产品所必须消耗的人工、材料和机械台班的数量标准。

正常施工条件是指施工过程符合生产工艺、施工规范和操作规程的要求,并且满足施工条件完善、劳动组织合理、机械运转正常、材料供应及时等条件要求。

施工过程是指在施工工地上对建筑工程项目所进行的生产过程。它是由若干施工工序组成的综合实体,在定额中一般都以其完成的产品实体加以命名。

数量标准是指施工定额由人工消耗定额(劳动定额)、材料消耗定额和机械台班定额三项定额内容组成。

1.2.2 施工定额的作用与内容

1. 施工定额的作用

(1)它是编制专业工程预算(消耗量)定额的基础文件。在专业工程消耗量定额中,每个分项工程的人工都是依据人工消耗定额中有关施工过程的时间定额进行综合计算而得出的;材料消耗量也是按施工定额的计算式或原理进行计算而得出的;一些机械的台班使用量也是按施工定额中台班产量进行计算而得出的。所以,没有施工定额作基础,就不能合理编制消耗量定额。

(2)它是编制施工组织设计的基本依据。施工组织设计中的施工作业进度计划是控制和安排施工进度的主要指导性文件,进度计划中各施工过程的施工时间,都是根据劳动定额的标准进行计算的,此计算结果能够正确地反映出工程的实际进展情况。

(3)它是编制施工预算,加强工程成本管理与成本核算的重要依据。施工预算实际上是一个成本预算书,反映工程的实际消耗水平,消耗量应以施工定额为标准进行计算。

(4)它是实行工程承包,安排核实工程任务的主要依据。工程承包和任务的安排,主要是人工、材料和工期的安排,而计算这些任务量的基本依据就是施工定额。

2. 施工定额的内容

目前,国内的施工定额还未形成一个综合性整体版本,国家只颁布了《全国统一劳动定额》的单行本。1985年颁布的《全国建筑安装工程统一劳动定额》共分18分册。1995年国家颁布的《全国统一建筑工程基础定额》(GJD 101—1995)是近几年国家、各省(自治区)编制建筑工程预算(消耗量)定额人工消耗量的依据。

现行的施工定额手册主要包括文字说明、定额明细项目与附录三部分内容。

(1)文字说明包括总说明和各册、各章说明。总说明主要包括定额的编制依据、编制原则、适用范围、定额消耗指标的计算方法和有关规定。各册、各章说明主要包括施工方法、工程量计算规则和计算方法的说明、施工说明、班组成员配备说明等。

(2)定额明细项目包括工程工作内容、定额编号、项目名称、定额单位及分项定额的人工、材料、机械台班消耗指标。为保证定额明细项目的正确使用,有些定额明细项目还要增加"分项定额的注解"。

(3)附录位于施工定额手册的最后,主要内容包括定额名词解释、砂浆或混凝土配合比的换算、材料指标计算的相关资料等。

1.2.3 施工定额的编制

施工定额的编制水平是按照大多数施工班组都能完成或实现而进行确定的,因此采用"平均先进水平"的编制原则。只有具有该水平的定额才能促进企业生产力水平的提高。施工定额由人工消耗定额(劳动定额)、材料消耗定额和机械台班定额三项定额内容组成。

1. 人工消耗定额

（1）人工消耗定额的概念。人工消耗定额又称劳动定额，它是在正常的施工技术组织条件下，完成单位合格产品所必须消耗的劳动量的标准。这个标准是国家和企业对工人在单位时间内完成产品的数量和质量的综合要求。

（2）人工消耗定额的表现形式。人工消耗定额的表现形式分为时间定额和产量定额两种，这两种表现形式互为倒数关系。

①时间定额。时间定额也称工时定额，是指参加施工的工人在正常生产技术组织条件下，采用科学合理的施工方法，生产单位合格产品所必须消耗的时间的数量标准。时间数量标准中包括准备时间、作业时间和结束时间（也包括个人生理需要时间）。一名工人正常工作 8 小时为一个工日。时间定额的表现形式为：

$$时间定额 = \frac{1}{每工日产量}$$

或

$$时间定额 = \frac{班组成员工日数总和}{班组每工日总产量}$$

时间定额的常用单位有工日/m^3、工日/m^2、工日/m、工日/t 等。

②产量定额。产量定额是指参加施工的工人在正常生产技术组织条件下，采用科学合理的施工方法，在单位时间内生产合格产品的数量标准。产量定额的表现形式为：

$$产量定额 = \frac{1}{单位产品时间定额}$$

或

$$产量定额 = \frac{产品数量}{消耗总工日数}$$

产量定额的常用单位是 m^3/工日、m^2/工日、m/工日、t/工日 等。

（3）人工消耗定额的应用。利用人工消耗定额的时间定额可以计算出完成一定数量的建筑工程实物所需要的总工日数；利用人工消耗定额的产量定额可以计算出一定数量的劳动力资源所能完成的建筑工程实物的工程量。

（4）人工消耗定额的编制方法。人工消耗定额的编制方法一般有经验估计法、统计分析法、技术测定法和比较类推法。

①经验估计法。

根据下述经验公式确定要编制的劳动定额数值：

$$D = \frac{a + 4m + b}{6}$$

式中：a——最先进的值；

　　m——最大可能的值；

　　b——最保守值。

经验估计法的优点是简便易行，工作量小；缺点是精确度差，一般适用于测定产品批量小、精确度要求不高的定额数据。

②统计分析法。统计分析法是指根据已有的生产工序或相似产品工序的工时消耗统计资料，经过整理加工得到新产品工序定额数据的方法。

统计分析法的优点是简便易行，数据准确可靠；缺点是与当前的实际情况仍有差距，只适用于产品稳定、统计资料完整的施工工序定额数据测定。

③技术测定法（工时测定法）。技术测定法是指采用现场秒表实地观测记录，并对记录进行整理、分析、研究、确定产品或工序定额数据的方法。技术测定法是编制劳动定额时采用的主要方法。

④比较类推法。比较类推法是指首先选择有代表性的典型项目，用技术测定法编制出时间消耗定额，然后根据测定的时间消耗定额用比较类推的方法编制出其他相同类型或相似类型项目时间消耗定额的一种方法。

比较类推法的优点是简便易行，具有一定的准确性；缺点是使用面小，使用范围受到限制，只适用于同类产品规格较多、批量较少的产品或工序定额数据测定。

2. 材料消耗定额

（1）材料消耗定额的概念。材料消耗定额是指在一定生产技术组织条件下，在合理使用材料的原则下，生产单位合格产品所必须消耗的建筑材料（原材料、半成品、制品、预制品、燃料等）的数量标准。在一般的工业与民用建筑中，材料费用常占整个工程造价的 $60\%\sim70\%$，因此，能否降低成本在很大程度上取决于建筑材料的使用是否合理。

（2）材料消耗定额的表现形式。根据材料消耗的情况，可将建筑材料分为实体性消耗材料和周转性消耗材料。

①实体性消耗材料。实体性消耗材料也称为非周转性材料，是指在建筑工程施工中，一次性消耗并直接构成工程实体的材料，如水泥、钢筋、砂石等。

其材料消耗定额包括直接用于建筑和安装工程上的材料、不可避免产生的施工废料和不可避免的材料施工操作损耗。其中直接用于建筑和安装工程上的材料消耗称为材料消耗净用量，不可避免的施工废料和材料施工操作损耗称为材料损耗量。

$$材料消耗量＝材料净用量＋材料损耗量$$

$$材料损耗率＝\frac{材料损耗量}{材料净用量}\times100\%$$

$$材料消耗量＝材料净用量\times（1＋材料损耗率）$$

②周转性消耗材料。周转性消耗材料，是指不能直接构成建筑安装工程的实体，但是完成建筑安装工程合格产品所必需的工具性材料，如在工程中常用的模板、脚手架等。这些材料在施工中随着使用次数的增加而逐渐被耗用完，故称为周转性消耗材料。周转性消耗材料在定额中按照多次使用、分次摊销的方法计算。

周转性消耗材料消耗定额一般考虑下列四个因素：

A. 第一次制造时的材料消耗（一次使用量）；

B. 每周转使用一次材料的损耗（第二次使用时需要补充）；

C. 周转使用次数；

D. 周转材料的最终回收及其回收折价。

如现浇混凝土结构中周转使用的模板摊销量的计算：

$$一次使用量＝每计量单位构件的模板接触面积\times每平方米接触面积需模板量$$

$$损耗量＝一次使用量\times（周转次数－1）\times损耗率/周转次数$$

$$损耗率＝\frac{平均每次损耗量}{一次使用量}$$

$$摊销量 = 周转使用量 - 回收量$$

$$周转使用量 = \frac{一次使用量 + 一次使用量 \times (周转次数 - 1) \times 损耗率}{周转次数}$$

$$回收量 = \frac{一次使用量 - (一次使用量 \times 损耗率)}{周转次数}$$

(3)材料消耗定额的编制方法。材料消耗定额的编制方法有观测法、统计法、试验法和理论计算法。

①观测法。观测法是指在施工现场对材料的实际消耗情况进行观测,经过分析、整理和计算确定材料消耗定额的方法。其一般适用于测定材料的损耗量。

②统计法。统计法是指通过对单位工程、分部工程、分项工程实际领用的材料量和剩余材料量进行统计,经分析后确定材料消耗定额的方法。其一般在统计资料准确、施工条件变化不大的工程中使用。

③试验法。试验法是指通过实验室各种仪器的检测、试验,得到材料实际消耗定额的方法。其一般适用于各种砂浆和混凝土等半成品的材料消耗定额的测定。

④理论计算法。理论计算法是指根据已有的各种理论计算公式计算材料消耗定额的方法。其适用于计算各类定型产品的消耗定额,是编制材料消耗定额的主要方法。

3. 机械台班定额

(1)机械台班定额的概念。机械台班定额是指施工现场的施工机械,在一定生产技术组织条件下,均衡合理使用机械时,规定机械单位时间内完成合格产品的数量标准或机械生产单位合格产品必须消耗的台班数量标准。1台机械正常工作8小时为1台班。

(2)机械台班定额的表现形式。机械台班定额分为单人使用单台机械和机械配合班组作业两种消耗定额,也有时间定额和产量定额(台班产量)两种表现形式。

①单人使用单台机械的机械台班定额。

A.机械台班时间定额。机械台班时间定额是指在一定生产技术组织条件下,规定机械生产单位合格产品所必须消耗的台班数量标准。

$$机械台班时间定额 = \frac{1}{机械台班产量}$$

机械台班时间定额的常用单位为台班/m^3、台班/m^2、台班/m、台班/t等。

B.机械台班产量定额。机械台班产量定额是指在一定生产技术组织条件下,规定机械单位时间内(台班)生产合格产品的数量标准。

$$机械台班产量定额 = \frac{1}{机械台班时间定额}$$

机械台班产量定额的常用单位为m^3/台班、m^2/台班、m/台班、t/台班等。

C.机械台班时间定额与机械台班产量定额的关系互为倒数的关系。即

$$机械台班时间定额 = \frac{1}{机械台班产量定额}$$

②机械配合班组作业的机械台班定额。

$$人工时间定额 = \frac{班组总工日数}{机械台班产量定额}$$

$$机械台班产量定额 = \frac{每台班产量}{班组总工日数}$$

机械台班定额在生产实践中主要采用技术测定法进行编制,首先在施工现场对某种机械的作业台班进行测定,再根据多次测定的结果进行加权平均后确定相应机械的机械台班定额。

1.3 建筑工程预算定额

1.3.1 预算定额的概念

建筑工程预算定额是表示在正常施工技术条件下,以建筑工程的分项工程为对象,完成规定计量单位合格产品所必须消耗的人工、材料和机械的数量和资金标准。

1.3.2 预算定额的作用与内容

1. 预算定额的作用

(1)预算定额是编制施工图预算的基本依据。

(2)预算定额是控制基本建设投资和建筑产品价格水平的数据之一。

(3)预算定额是建筑施工企业实行经济核算,进行经济活动分析的依据。

(4)预算定额是编制建筑工程概算定额的基础。

2. 预算定额的内容

预算定额中既有消耗量标准又有价格标准,即预算定额的内容不仅包括人工、材料、机械台班消耗量,而且还包括人工、材料、机械台班费用基价。

1.3.3 预算定额中消耗量的编制

预算定额是在建筑工程施工定额的基础上经过综合计算编制的,两者有着密切的关系。但是,预算定额规定的人工、材料、机械台班消耗量,不是简单地套用施工定额中人工、材料、机械的消耗量。因为预算定额比施工定额包含了更多的可变因素,同时还要考虑施工定额中没有包含的影响生产消耗的因素。

1. 定额人工消耗量的编制

分项定额的人工消耗量不分工种、不分技术等级,采用"综合工日"来表示用工量。人工综合工日消耗量由基本用工、辅助用工、超运距用工及人工幅度差用工的耗用量组成。

(1)基本用工量。基本用工量是指组成分项工程或结构构件中的各基本施工工序的用工量,按《全国建筑安装工程统一劳动定额》或《全国建筑装饰工程统一劳动定额》中的相应时间定额计算的用工量。其计算公式为:

$$基本用工量 = \sum (分项工程中各工序工程量 \times 相应时间定额)$$

(2)辅助用工量。辅助用工量是指对定额中某些消耗材料进行辅助加工等辅助工序的用工量。如现场筛砂、淋石灰膏等工序的用工量。其计算公式为:

$$辅助用工量 = \sum (分项工程中各辅助工序工程量 \times 相应时间定额)$$

(3)超运距用工量。超运距用工量是指消耗量定额中规定的材料运距与《全国建筑安装工程统一劳动定额》或《全国建筑装饰工程统一劳动定额》中规定的材料运距之间出现运距差值时的运输用工量。其计算公式为:

$$超运距用工量 = \sum (分项工程中超运距材料量 \times 相应时间定额)$$

(4)人工幅度差用工量。人工幅度差用工量是指受现场各种因素影响而必须消耗的,但又无法使用劳动定额计算的用工量,一般采用系数法进行补贴计算,如工序交接、技术交底、安全教育、女工哺乳等难以预料的用工量。其计算公式为：

人工幅度差用工量＝（基本用工量＋辅助用工量＋超运距用工量）×人工幅度差系数

其中：人工幅度差系数一般取为 $10\%\sim15\%$。

综上所述，可得：

分项定额综合工日数量＝（基本用工量＋辅助用工量＋超运距用工量）×（1＋人工幅度差系数）

2. 定额材料消耗量的编制

材料消耗量由材料净用量和材料损耗量构成。其计算公式为：

材料消耗量＝材料净用量×（1＋材料损耗率）

材料损耗量＝材料净用量×材料损耗率

材料可分为主要材料、辅助材料、周转性材料、零星材料，其中主要材料与辅助材料列出定额消耗量；周转性材料列出定额摊销量；用量小并占材料比重小的零星材料合并为其他材料，以材料费的百分比表示。

例如每立方米标准砖砌体中标准砖和砂浆净用量计算公式为：

$$每立方米中标准砖的净用量（块）＝\frac{1}{墙厚×（砖长＋灰缝）×（砖厚＋灰缝）}×墙厚的砖数×2$$

$$每立方米砌体中的砂浆净用量＝每立方米砌体－砖净用量的体积$$

【例 1-1】 计算每立方米一砖厚砖墙的砖和砂浆的总消耗量（灰缝 10mm 厚，砖损耗率 1.2%，砂浆损耗率 1%）。

解：（1）每立方米砌体中标准砖的净用量（块）＝$\dfrac{1}{墙厚×（砖长＋灰缝）×（砖厚＋灰缝）}×$

$$墙厚的砖数×2＝\frac{1}{0.24×（0.24＋0.01）×（0.053＋0.01）}×1×2＝\frac{1}{0.00378}×2＝529.1（块）$$

（2）每立方米砌体中标准砖的总消耗量＝砖的净用量×（1＋损耗率）

$$＝529.1×（1＋1.2\%）＝535.4（块）$$

（3）每立方米砌体中的砂浆净用量＝每立方米砌体－砖净用量的体积

$$＝1－529.1×0.24×0.115×0.053＝0.226（m^3）$$

（4）每立方米砌体中的砂浆总消耗量＝砂浆净用量×（1＋损耗率）

$$＝0.226×（1＋1\%）＝0.228（m^3）$$

3. 定额机械台班消耗量的编制

预算定额的施工机械台班消耗量又称为机械台班使用量，计量单位是台班。它是指在合理使用机械和合理施工组织条件下，完成单位合格产品所必须消耗的机械台班数量的标准。预算定额的机械台班消耗量指标，一般是按全国统一劳动定额中的机械台班产量，并考虑一定的机械幅度差进行计算的。

机械幅度差是指全国统一劳动定额规定范围内没有包括而实际中必须增加的机械台班消耗量。大型机械幅度差系数为：土方机械 25%，打桩机械 33%，吊装机械 30%。砂浆、混凝土搅拌机由于按小组配用，以小组产量计算机械台班产量不另增加机械幅度差。其他分部工程中如钢筋、木材、水磨石加工等各项专用机械的幅度差为 10%。

预算定额机械台班消耗量＝劳动定额机械台班消耗量×（1＋机械幅度差）

1.3.4 预算定额中基础单价的编制

基础单价包括人工工日单价、材料预算单价和机械台班单价。根据分项工程的人工、材

料、机械消耗量和基础单价可以计算出该分项工程的人工费基价、材料费基价、机械费基价,其计算公式如下:

$$某分项工程人工费基价＝该分项工程综合工日数量×人工工日单价$$

$$某分项工程材料费基价＝\sum(该分项工程定额材料用量×材料预算单价)$$

$$某分项工程机械费基价＝\sum(该分项工程定额机械台班使用量×机械台班单价)$$

某分项工程定额基价＝该分项工程人工费基价＋该分项工程材料费基价＋该分项工程机械费基价

下面主要介绍一下基础单价的确定方式。

1.人工工日单价的确定

人工工日单价又称工人日工资标准,是指一个建筑工人工作一个工作日在计价时应计入的全部人工费用。按照现行有关规定,其计算公式如下:

$$人工工日单价＝\frac{基本工资}{(岗位工资＋技能工资＋工龄工资)}＋\frac{工资}{补贴}＋\frac{辅助}{工资}＋\frac{职工福}{利基金}＋\frac{劳动}{保护费}$$

2.材料预算单价的确定

材料预算单价又称材料单价或取定价,是指材料由来源地或交货地点,经中间转运,到达工地仓库或施工现场并经检验合格后的全部价格。一般可按下式计算:

$$材料预算单价＝(材料平均原价＋包装费＋运杂费)×(1＋采购及保管费率)＋\frac{检验}{试验费}－\frac{包装材料}{回收价值}$$

$$材料原价总值＝\sum(各次购买量×各次购买价)$$

$$加权平均原价＝\frac{材料原价总值}{材料总量}$$

(1)材料平均原价。材料平均原价是指材料的出厂价或交货地价或市场批发价,以及进口材料的调拨价。在确定平均原价时,同一种材料因产地或供应单位的不同而有几种原价时,应根据不同来源地的供应数量及不同的单价,计算出加权平均原价。

(2)材料包装费。材料包装费是指为了便于材料运输、减少材料损耗以及保护材料而进行包装所需要的费用。包装费的计算一般有以下两种情况:

①材料由生产单位负责包装,其包装费已包括在材料平均原价内,不能再列入材料预算单价内计算,但包装材料回收价值应从材料包装费中予以扣除。

②采购单位自备包装材料(或容器),应计算包装费,列入材料预算单价内。

(3)材料运杂费。材料运杂费是指材料由来源地(或交货地)运到工地仓库(或存放地点)的全部过程中所发生的一切费用。

(4)材料采购及保管费。材料采购及保管费是指材料管理部门在组织采购、供应和保管材料的全部过程中所发生的各种费用,包括各级材料管理部门的职工工资、职工福利、劳动保护费、差旅及交通费、办公费等。

目前国家规定的综合采购及保管费率为 2.5%(其中采购费率为 1%,保管费率为1.5%)。由建设单位供应材料到现场仓库时,施工单位只计取保管费。

(5)检验试验费。检验试验费包括对材料进行的物理性能检验、化学性能检验、按照材料合格标准要求进行的各种检验试验所消耗的全部检验试验费用。

3. 机械台班单价的确定

施工机械台班单价按费用因素的性质,分为一类费用(又称不变费用)和二类费用(又称变动费用)。

一类费用包括折旧费、大修理费、经常维修费、替换设备费、润滑材料及擦拭材料费、安装拆卸及辅助设施费、大型机械进出场费用等;二类费用包括机上操作人员工资、燃料动力费及牌照费等。

1.3.5 预算定额的应用

1. 预算定额的直接套用

当施工图的设计要求与预算定额的项目内容一致时,可直接套用预算定额。

在编制单位工程施工图预算的过程中,大多数项目可以直接套用预算定额。套用时应注意以下几点:

(1)根据施工图、设计说明和做法说明,选择定额项目。

(2)要从工程内容、技术特征和施工方法上仔细核对,才能较准确地确定相对应的定额项目。

(3)分项工程的名称和计量单位要与预算定额相一致。

2. 预算定额的换算

当施工图中的分项工程项目不能直接套用预算定额时,就产生了定额的换算。

(1)换算原则。为了保持定额的水平,在预算定额的说明中规定了有关换算原则,一般包括以下几条:

①定额的砂浆、混凝土强度等级,如设计与定额不同时,允许按定额附录的砂浆、混凝土配合比表换算,但配合比中的各种材料用量不得调整。

②定额中抹灰项目已考虑了常用厚度,各层砂浆的厚度一般不作调整。如果设计有特殊要求时,定额中工时、材料可以按厚度比例换算。

③必须按预算定额中的各项规定换算定额。

(2)预算定额的换算类型有以下四种。

①砂浆换算:即砌筑砂浆换强度等级、抹灰砂浆换配合比及砂浆用量。

②混凝土换算:即构件混凝土、楼地面混凝土的强度等级、混凝土类型的换算。

③系数换算:按规定对定额中的人工费、材料费、机械费乘以各种系数的换算。

④其他换算:除上述三种情况以外的定额换算。

3. 定额换算的基本思路

定额换算的基本思路是:根据选定的预算定额基价,按规定换入增加的费用,减去扣除的费用。

这一思路用下列表达式表述为:

换算后定额基价=原定额基价+换入的费用−换出的费用

(1)砌筑砂浆换算。

①换算原因。当设计图纸要求的砌筑砂浆强度等级在预算定额中缺项时,就需要调整砂浆强度等级,求出新的定额基价。

②换算特点。由于砂浆用量不变,所以人工费、机械费不变,因而只换算砂浆强度等级和调整砂浆材料费。

砌筑砂浆换算公式为:

换算后定额基价＝原定额基价＋定额砂浆用量×(换入砂浆基价－换出砂浆基价)

(2)抹灰砂浆换算。

①换算原因。当设计图纸要求的抹灰砂浆配合比或抹灰厚度与预算定额的抹灰砂浆配合比或抹灰厚度不同时,就要进行抹灰砂浆换算。

②换算特点。第一种情况:当抹灰厚度不变只换算配合比时,人工费、机械费不变,只调整材料费。

第二种情况:当抹灰厚度发生变化时,砂浆用量要改变,因而人工费、材料费、机械费均要换算。

③换算公式。

第一种情况的换算公式如下:

换算后定额基价＝原定额基价＋抹灰砂浆定额用量×(换入砂浆基价－换出砂浆基价)

第二种情况的换算公式如下:

换算后定额基价＝原定额基价＋(定额人工费＋定额机械费)×$(K-1)$＋$\sum$(各层换

入砂浆用量×换入砂浆基价－各层换出砂浆用量×换出砂浆基价)

式中:K 为人工、机械费换算系数,且 $K=\dfrac{设计抹灰砂浆总厚}{定额抹灰砂浆总厚}$

$$各层换入砂浆用量=\dfrac{定额砂浆用量}{定额砂浆厚度}×设计厚度$$

$$各层换出砂浆用量=定额砂浆用量$$

(3)构件混凝土换算。

①换算原因。当设计要求构件采用的混凝土强度等级在预算定额中没有相符合的项目时,就要进行混凝土强度等级或石子粒径的换算。

②换算特点。混凝土用量不变,人工费、机械费不变,只换算混凝土强度等级或石子粒径。

③换算公式。

换算后定额基价＝原定额基价＋定额混凝土用量×(换入混凝土基价－换出混凝土基价)

(4)楼地面混凝土换算。

①换算原因。楼地面混凝土面层的定额单位一般是平方米。因此,当设计厚度与定额厚度不同时,就要进行定额基价的换算。

②换算特点。与抹灰砂浆的换算特点相同。

③换算公式。

换算后定额基价＝原定额基价＋(定额人工费＋定额机械费)×$(K-1)$＋换入混凝土用

量×换入混凝土基价－换出混凝土用量×换出混凝土基价

式中:K 为工、机费换算系数,且 $K=\dfrac{设计混凝土厚度}{定额混凝土厚度}$

混凝土定额厚度与设计混凝土厚度不同时,换入混凝土用量,计算公式如下:

$$换入混凝土用量=\dfrac{定额混凝土用量}{定额混凝土厚度}×设计混凝土厚度$$

$$换出混凝土用量＝定额混凝土用量$$

(5)乘系数换算。乘系数换算是指在使用某些预算定额项目时,定额的一部分或全部乘以规定的系数。

1.4 建筑工程企业定额

1.4.1 企业定额的概念

企业定额是指施工企业根据本企业平均技术等级、企业技术装备能力、企业综合管理水平等因素,并依据或参照地区统一定额编制的完成一定计量单位的建筑工程分项工程合格产品所必须消耗的人工、材料、机械台班的数量标准。

企业平均技术等级反映了企业生产工人的岗位操作能力及应计取市场劳动报酬的相应标准,也是企业定额中人工费市场价值的体现。

企业技术装备能力反映了企业拥有的施工设备总价值,也是企业实力的体现(企业技术备能力是企业生产效率的主要影响因素之一)。根据企业技术装备能力能够合理计算企业在生产中的机械费用标准,同时企业技术装备能力也是企业定额中机械费市场价值的体现。

企业综合管理水平是企业管理工作的效果展现,也是企业与企业之间差距的"测距仪"。根据企业综合管理水平可以计算企业定额的综合费用标准,这也是企业定额中企业管理费市场价值的体现。与任何一种产品生产消耗相同,企业定额应该包括人工消耗定额、材料消耗定额、机械台班定额和企业综合管理费用定额。

1.4.2 企业定额的特点与作用

1. 企业定额的特点

(1)企业定额真实地反映了施工企业的综合管理能力和生产消耗水平,这给《建设工程工程量清单计价规范》颁布后施工企业实行自主投标报价、增强施工企业的市场竞争能力、不断扩大企业的市场占有份额提供了最重要的商务报价的依据。

(2)建设工程实行工程量清单计价模式以后,招标人基本按照"合理低价中标"的评标、定标原则择优确定中标施工企业。"合理低价中标"要求施工企业在编制投标工程报价时不得低于工程的施工成本,如果采用省(自治区)预算(消耗量)定额作为编制投标工程报价的依据,要做到"合理低价"不仅有很大的难度,也确实难以保证。利用企业定额编制的投标工程报价,是企业在工程中标后组织施工的体现,因此可以保证这个投标工程报价不会低于工程的施工成本。

(3)企业定额的编制水平是企业劳动生产率、技术能力、机械装备水平、综合管理能力的综合反映。施工企业通过编制企业定额可以进一步提高企业的总体管理水平,增强企业市场竞争能力,扩大企业的市场占有份额,使企业充满活力。企业综合素质的提高,反过来又会推动企业定额水平的不断提高,形成企业总体发展的良性循环。

(4)企业定额应以本企业的"平均先进水平"为原则进行编制,与省(自治区)消耗量定额采取的"社会平均水平"的编制原则相比,企业定额的编制水平要比省(自治区)消耗量定额的编制水平高。

(5)企业定额反映本企业的平均先进水平,因此只能作为本企业的管理工具或本企业投标报价使用。定额水平不能满足其他企业的实际情况,也不能作为其他企业的通用管理工具。

2. 企业定额的作用

(1)企业定额是施工企业在工程量清单计价模式下进行市场竞争、实行自主投标、编制合理投标报价的最重要依据。

(2)企业定额是强化企业基础管理工作,进一步提高企业管理水平,增强企业综合素质的重要依据。

(3)企业定额不仅是投标报价的依据,而且也是项目经理部编制施工方案,确定项目目标成本,进行项目成本分析与核算的重要依据。

(4)企业定额是项目经理部编制生产计划、控制施工进度、实现合同工期目标的重要依据。

(5)企业定额是项目经理部签发施工班组任务单、考核班组劳动生产率指标及实行班组限额领料的重要依据。

(6)企业定额有利于发展和推广先进技术、先进生产力,为企业持续稳定的发展提供了重要保证。

1.4.3　企业定额的编制

1. 企业定额的编制原则

(1)企业定额应采取平均先进的编制水平,即定额水平应该能够反映企业的综合管理水平及技术能力以及企业的设备装备水平,并保证施工班组在操作过程中都能达到或实现定额各项消耗量水平的要求。

(2)采取独立自主的原则编制企业定额。在编制企业定额时,应根据本企业的建制配置与管理模式等特点形成本企业的定额模式或者参考一些为企业所使用并且证明是非常适用的定额项目加以利用,不要盲目套用或硬性套搬省(自治区)预算(消耗量)定额项目或其他企业的定额项目,应使企业定额具有鲜明的企业个性。

(3)企业定额在编制时应采取"专家为主、群专结合"的原则,既要保证各项定额数据的采集来自于生产一线具有广泛的代表性,又要保证企业定额对生产实践过程有直接的指导作用。企业定额的项目设置也应简明适用,不追求版式与花样,而注重适用性与可靠性。

(4)企业定额要注意它的阶段性、时效性。随着新技术、新工艺的推广使用以及企业管理水平的不断提高,企业定额也要保证满足这些实际需求,定额工作者要加强基础工作,随时将先进技术与科学手段融入定额项目中。

(5)建立和健全企业定额的管理维护与有效运行的保障原则。企业应充分发挥计算机技术在企业管理方面的巨大潜能,把企业定额的编制与维护、工程投标报价、企业技术管理、企业施工生产管理等与计算机信息管理应用系统相结合,保证企业定额的各项数据永远满足市场的需求。

(6)企业定额的编制应采取保密的原则。企业定额是企业的一项专利技术,也是企业的财富和资产,从定额原始数据的采集到分析加工直至形成一套完整的企业定额,凝聚了编制人员的辛勤劳动和心血,应该采取保密的原则保护企业创造的财富。

2. 企业定额的编制依据

(1)《全国统一建筑工程基础定额》、《建设工程工程量清单计价规范》、省(自治区)建筑装饰工程消耗量定额、企业所在地区的相关法规与政策等;工程所在地区劳务市场、建筑装饰材料市场、机械设备租赁市场月、季度价格信息等。

(2)国家规定的现行建筑装饰工程设计规范、施工规范;现行质量与安全标准及操作规程;

建筑工程设计标准图集及其相关的装饰技术资料等。

（3）本企业积累的各项有关建筑工程的原始数据及原有统计资料，包括企业原有建筑工程定额数据库、已完成的建筑工程的统计资料、企业历年统计分析资料（包括施工产值统计表、工程质量统计表、安全生产统计表、劳动工资统计表、机械设备统计表、财务成本统计表等）、企业投标资料和企业其他管理资料等。

（4）本企业的平均技术等级、企业技术装备能力、企业综合管理费用测定资料与统计分析资料等。

 思考与练习

1. 什么叫定额？

2. 定额是如何分类的？

3. 施工定额有哪些作用？

4. 预算定额中人工工日消耗量由哪几部分组成？

5. 材料预算单价由哪几部分组成？

6. 企业定额有哪些特点与作用？

第2章
建设工程工程量清单计价规范

2.1 概 述

随着我国建设市场的快速发展,招投标制、合同制逐步推行,以及加入 WTO 与国际惯例接轨等要求,工程造价计价依据改革不断深化。为了规范建设工程工程量清单计价行为,统一建设工程工程量清单的编制和计价方法,2013 年 1 月 1 日,中华人民共和国住房和城乡建设部、中华人民共和国国家质量监督检验检疫总局联合发布了《建设工程工程量清单计价规范》(GB 50500—2013)国家标准。2013 年 3 月 1 日实施。为叙述方便,以下简称《计价规范》。

这是在以往旧规范的基础上不断总结、改进和完善发布的新国家标准。

2.1.1 编制《计价规范》的意义

1.《计价规范》是工程造价改革的结晶

工程造价是工程建设的核心内容,也是建设市场运行的核心内容,建设市场上存在的许多不规范行为大多与工程造价有关。为了加速工程造价改革,在以往旧规范的基础上不断总结经验、改进不足,编制发布了《计价规范》,这是新的工程造价国家标准,也是工程造价改革的结晶。

2.《计价规范》是规范建设市场秩序,适应市场经济的需要

工程量清单计价是市场形成工程造价的主要形式,工程量清单计价有利于发挥企业自主报价的能力,实现政府定价向市场定价的转变;有利于规范业主在招标中的行为,有效改变招标单位在招标中盲目压价的行为,从而真正体现公开、公平、公正的市场经济规律。

3.《计价规范》是加入 WTO,融入全球市场的需要

随着我国改革开放的进一步加快,我国已经加入 WTO 十几年了,中国经济日益融入全球市场,建设市场也进一步对外开放。国外的企业以及投资的项目越来越多地进入国内市场,我国企业走出国门在海外投资和经营的项目也在增加。为了适应这种对外开放建设市场的形势,就必须与国际通行的计价方法相适应,创造一个与国际惯例接轨的市场竞争环境。工程量清单计价是国际通行的计价做法,在我国实行工程量清单计价,有利于提高国内建设各方主体参与国际化竞争的能力,有利于提高工程建设的管理水平。

4.《计价规范》是促进建设市场有序竞争和企业健康发展的需要

以工程量清单计价模式招标投标,对承包企业,通过采用工程量清单报价,必须对单位工程成本、利润进行分析,统筹考虑,精心选择施工方案,根据企业的实际情况,优化组合,合理控制现场费用和施工技术措施费用,确定投标价;对发包单位,由于工程量清单是招标文件的组成部分,招标单位必须编制出准确的工程量清单,并承担相应的风险,促进招标单位提高管理水平。由于工程量清单是公开的,将避免工程招标中弄虚作假、暗箱操作等不规范行为。这样就能促进建设市场有序竞争和企业健康发展。

2.1.2　编制《计价规范》的目的及适用范围

(1)目的:规范工程造价计价行为,统一建设工程工程量清单的编制和计价方法。

(2)适用范围:适用于建设工程施工发承包计价活动。

2.1.3　《计价规范》的特点

1. 规定性

(1)规定全部使用国有资金或国有资金投资为主的大中型建设工程按《计价规范》的规定执行。

(2)明确工程量清单是招标文件的组成部分,并规定了招标人在编制工程量清单时必须遵守《计价规范》统一的项目编码、统一的分部分项工程项目名称、统一的项目特征、统一的计量单位、统一的工程量计算规则(即"五统一"规则)和标准格式。

2. 实用性

工程量清单项目及计算规则的项目名称表现的是工程实体项目,项目名称明确清晰,工程量计算规则简洁明了,特别还列有项目特征和工程内容。新《计价规范》易于编制工程量清单时确定具体项目名称和投标报价。

3. 竞争性

(1)《计价规范》中的措施项目,在工程量清单中只列"措施项目"一栏,具体采用什么措施,如模板、脚手架、临时设施、施工排水等详细内容由投标人根据企业的施工组织设计,视具体情况报价。因为这些项目在各个企业间各有不同,是企业竞争项目,是留给企业竞争的空间。

(2)《计价规范》中人工、材料和施工机械没有具体的消耗,投标企业可以依据企业的定额和市场价格信息,也可以参照建设行政主管部门发布的社会平均消耗量定额进行报价,《计价规范》将报价权还给了企业。

2.2　《建设工程工程量清单计价规范》(GB 50500—2013)摘录

《建设工程工程量清单计价规范》(GB 50500—2013)由正文和附录组成。

正文包括以下内容:①总则,共 8 条;②术语,共 27 个;③一般规定,共 2 条;④招标工程量清单,共 6 条;⑤招标控制价,共 3 条;⑥投标报价,共 2 条;⑦合同价款约定,共 2 条;⑧工程计量,共 3 条;⑨合同价款调整,共 15 条;⑩合同价款中期支付,共 4 条;⑪竣工结算与支付,共 4 条;⑫合同解除的价款结算与支付,共 1 条;⑬合同价款争议的解决,共 6 条;⑭工程计价资料与档案,共 2 条;⑮计价表格,共 2 条。

规范用词说明,共 2 条;附录(附录 A～附录 Q),共 17 个。

为便于学习、应用《建设工程工程量清单计价规范》(GB 50500—2013),现将其主要内容摘录如下:

2.2.1　总则

(1)为规范建设工程施工发承包计价行为,统一建设工程工程量清单的编制和计价方法,根据《中华人民共和国建筑法》、《中华人民共和国合同法》、《中华人民共和国招标投标法》,制定《计价规范》。

(2)《计价规范》适用于建设工程施工发承包计价活动。

(3)全部使用国有资金投资或国有资金投资为主(以下二者简称国有资金投资)的建设工

程施工发承包,必须采用工程量清单计价。

(4)非国有资金投资的建设工程,宜采用工程量清单计价。

(5)不采用工程量清单计价的建设工程,应执行《计价规范》除工程量清单等专门性规定外的其他规定。

(6)招标工程量清单、招标控制价、投标报价、工程价款结算等工程造价文件的编制与核对应由具有资格的工程造价专业人员承担。

(7)建设工程施工发承包计价活动应遵循客观、公正、公平的原则。

(8)建设工程施工发承包计价活动,除应遵守《计价规范》外,尚应符合国家现行有关标准的规定。

2.2.2 术语

(1)工程量清单:建设工程的分部分项工程项目、措施项目、其他项目、规费项目和税金项目的名称和相应数量等的明细清单。

(2)招标工程量清单:招标人依据国家标准、招标文件、设计文件以及施工现场实际情况编制的,随招标文件发布供投标报价的工程量清单。

(3)已标价工程量清单:构成合同文件组成部分的投标文件中已标明价格,经算术性错误修正(如有)且承包人已确认的工程量清单,包括对其的说明和表格。

(4)综合单价:完成一个规定计量单位的分部分项工程和措施清单项目所需的人工费、材料和工程设备费、施工机具使用费和企业管理费、利润以及一定范围内的风险费用。

(5)工程量偏差:承包人按照合同签订时图纸(含经发包人批准由承包人提供的图纸)实施,完成合同工程应予计量的实际工程量与招标工程量清单列出的工程量之间的偏差。

(6)暂列金额:招标人在工程量清单中暂定并包括在合同价款中的一笔款项。用于施工合同签订时尚未确定或者不可预见的所需材料、设备、服务的采购,施工中可能发生的工程变更、合同约定调整因素出现时的工程价款调整以及发生的索赔、现场签证确认等的费用。

(7)暂估价:招标人在工程量清单中提供的用于支付必然发生但暂时不能确定价格的材料、工程设备的单价以及专业工程的金额。

(8)计日工:在施工过程中,承包人完成发包人提出的施工图纸以外的零星项目或工作,按合同中约定的综合单价计价的一种方式。

(9)总承包服务费:总承包人为配合协调发包人进行的专业工程分包,发包人自行采购设备、材料等进行保管以及施工现场管理、竣工资料汇总整理等服务所需的费用。

(10)安全文明施工费:承包人按照国家法律、法规等规定,在合同履行中为保证安全施工、文明施工,保护现场内外环境等所采用的措施发生的费用。

(11)施工索赔:在工程合同履行过程中,合同当事人一方因非己方的原因而遭受损失,按合同约定或法规规定应由对方承担责任,从而向对方提出补偿的要求。

(12)现场签证:发包人现场代表与承包人现场代表就施工过程中涉及的责任事件所作的签认证明。

(13)提前竣工(赶工费):承包人应发包人的要求,采取加快工程进度的措施,使合同工程工期缩短产生的,应由发包人支付的费用。

(14)误期赔偿费:承包人未按照合同工程的计划进度施工,导致实际工期大于合同工期与发包批准的延长工期之和,承包人应向发包人赔偿损失发生的费用。

(15)企业定额:施工企业根据本企业的施工技术和管理水平而编制的人工、材料和施工机械台班的消耗标准。

(16)规费:根据省级政府或省级有关权力部门规定必须缴纳的,应计入建筑安装工程造价的费用。

(17)税金:国家税法规定的应计入建筑安装工程造价内的营业税、城市维护建设税及教育费附加等。

(18)发包人:具有工程发包主体资格和支付工程价款能力的当事人以及取得该当事人资格的合法继承人。

(19)承包人:被发包人接受的具有工程施工承包主体资格的当事人以及取得该当事人资格的合法继承人。

(20)工程造价咨询人:取得工程造价咨询资质等级证书,接受委托从事建设工程造价咨询活动的当事人以及取得该当事人资格的合法继承人。

(21)招标代理人:取得工程招标代理资质等级证书,接受委托从事建设工程招标代理活动的当事人以及取得该当事人资格的合法继承人。

(22)造价工程师:取得《造价工程师注册证书》,在一个单位注册从事建设工程造价活动的专业人员。

(23)造价员:取得《全国建设工程造价员资格证书》,在一个单位注册从事建设工程造价活动的专业人员。

(24)招标控制价:招标人根据国家或省级、行业建设主管部门颁发的有关计价依据和办法,以及拟定的招标文件和招标工程量清单,编制的招标工程的最高限价。

(25)投标价:投标人投标时报出的工程合同价。

(26)签约合同价:发、承包双方在施工合同中约定的,包括了暂列金额、暂估价、计日工的合同总金额。

(27)竣工结算价(合同价格):发、承包双方依据国家有关法律、法规和标准规定,按照合同约定确定的,包括在履行合同过程中按合同约定进行的工程变更、索赔和价款调整,是承包人按合同约定完成了全部承包工作后,发包人应付给承包人的合同总金额。

2.2.3 一般规定

1. 计价方式

(1)建设工程施工发承包造价由分部分项工程费、措施项目费、其他项目费、规费和税金组成。

(2)分部分项工程和措施项目清单应采用综合单价计价。

(3)招标工程量清单标明的工程量是投标人投标报价的共同基础,竣工结算的工程量按发承包双方在合同中约定应予计量且实际完成的工程量确定。

(4)措施项目清单中的安全文明施工费应按照国家或省级、行业建设主管部门的规定计价,不得作为竞争性费用。

(5)规费和税金应按国家或省级、行业建设主管部门的规定计算,不得作为竞争性费用。

2. 计价风险

(1)采用工程量清单计价的工程,应在招标文件或合同中明确计价中的风险内容及其范围(幅度),不得采用无限风险、所有风险或类似语句规定计价中的风险内容及其范围(幅度)。

（2）下列影响合同价款的因素出现，应由发包人承担：

①国家法律、法规、规章和政策变化；

②省级或行业建设主管部门发布的人工费调整。

（3）由于市场物价波动影响合同价款，应由发承包双方合理分摊并在合同中约定。合同中没有约定，发承包双方发生争议时，按下列规定实施：

①材料、工程设备的涨幅超过招标时基准价格 5％以上由发包人承担。

②施工机械使用费涨幅超过招标时的基准价格 10％以上由发包人承担。

（4）由于承包人使用机械设备、施工技术以及组织管理水平等自身原因造成施工费用增加的，应由承包人全部承担。

（5）不可抗力发生时，影响合同价款的，按《计价规范》的 9.11 条规定（即本书中 2.2.9 节"不可抗力"的内容）执行。

2.2.4　招标工程量清单

1. 一般规定

（1）招标工程量清单应由具有编制能力的招标人或受其委托，具有相应资质的工程造价咨询人或招标代理人编制。

（2）招标工程量清单必须作为招标文件的组成部分，其准确性和完整性由招标人负责。

（3）招标工程量清单是工程量清单计价的基础，应作为编制招标控制价、投标报价、计算工程量、工程索赔等的依据之一。

（4）工程量清单应由分部分项工程量清单、措施项目清单、其他项目清单、规费项目清单、税金项目清单组成。

（5）编制工程量清单应依据：

①《计价规范》和相关工程的国家计量规范；

②国家或省级、行业建设主管部门颁发的计价依据和办法；

③建设工程设计文件；

④与建设工程有关的标准、规范、技术资料；

⑤拟定的招标文件；

⑥施工现场情况、工程特点及常规施工方案；

⑦其他相关资料。

2. 分部分项工程

（1）分部分项工程量清单应载明项目编码、项目名称、项目特征、计量单位和工程量。

（2）分部分项工程量清单应根据相关工程现行国家计量规范规定的项目编码、项目名称、项目特征、计量单位和工程量计算规则进行编制。

3. 措施项目

（1）措施项目清单应根据相关工程现行国家计量规范的规定编制。

（2）措施项目清单应根据拟建工程的实际情况列项。

4. 其他项目

（1）其他项目清单应按照下列内容列项：

①暂列金额；

②暂估价：包括材料暂估单价、工程设备暂估单价、专业工程暂估价；

③计日工；

④总承包服务费。

(2)暂列金额应根据工程特点,按有关计价规定估算。

(3)暂估价中的材料、工程设备暂估价应根据工程造价信息或参照市场价格估算;专业工程暂估价应分不同专业,按有关计价规定估算。

(4)计日工应列出项目和数量。

(5)出现(1)未列的项目,应根据工程实际情况补充。

5.规费

(1)规费项目清单应按照下列内容列项:

①工程排污费;

②社会保障费:包括养老保险费、失业保险费、医疗保险费;

③住房公积金;

④工伤保险。

(2)出现(1)未列的项目,应根据省级政府或省级有关权力部门的规定列项。

6.税金

(1)税金项目清单应包括下列内容:

①营业税;

②城市维护建设税;

③教育费附加。

(2)出现第(1)条未列的项目,应根据税务部门的规定列项。

2.2.5 招标控制价

1.一般规定

(1)国有资金投资的工程建设项目应实行工程量清单招标,招标人应编制招标控制价。

(2)招标控制价超过批准的概算时,招标人应将其报原概算审批部门审核。

(3)投标人的投标报价高于招标控制价的,其投标应予以拒绝。

(4)招标控制价应由具有编制能力的招标人或受其委托具有相应资质的工程造价咨询人编制和复核。

(5)招标控制价应在招标时公布,不应上调或下浮,招标人应将招标控制价及有关资料报送工程所在地工程造价管理机构备查。

2.编制与复核

(1)招标控制价应根据下列依据编制与复核:

①《计价规范》;

②国家或省级、行业建设主管部门颁发的计价定额和计价办法;

③建设工程设计文件及相关资料;

④拟定的招标文件及招标工程量清单;

⑤与建设项目相关的标准、规范、技术资料;

⑥施工现场情况、工程特点及常规施工方案;

⑦工程造价管理机构发布的工程造价信息,工程造价信息没有发布的,参照市场价;

⑧其他的相关资料。

（2）分部分项工程费应根据拟定的招标文件中的分部分项工程量清单项目的特征描述及有关要求计价，并应符合下列规定：

①综合单价中应包括拟定的招标文件中要求投标人承担的风险费用。拟定的招标文件没有明确的，应提请招标人明确。

②拟定的招标文件提供了暂估单价的材料和工程设备，按暂估的单价计入综合单价。

（3）措施项目费应根据拟定的招标文件中的措施项目清单按《计价规范》第 3.1.2 和 3.1.4 条（本书2.2.3 节"1.计价方式"中(2)、(4)的内容)的规定计价。

（4）其他项目费应按下列规定计价：

①暂列金额应按招标工程量清单中列出的金额填写；

②暂估价中的材料、工程设备单价应按招标工程量清单中列出的单价计入综合单价；

③暂估价中的专业工程金额应按招标工程量清单中列出的金额填写；

④计日工应按招标工程量清单中列出的项目根据工程特点和有关计价依据确定综合单价计算；

⑤总承包服务费应根据招标工程量清单列出的内容和要求估算。

（5）规费和税金应按《计价规范》第 3.1.5 条（本书 2.2.3 节"1.计价方式"中(5)的内容)的规定计算。

3.投诉与处理

（1）投标人经复核认为招标人公布的招标控制价未按照《计价规范》的规定进行编制的，应当在招标控制价公布后 5 天内向招投标监督机构和工程造价管理机构投诉。

（2）投诉人投诉时，应当提交书面投诉书，包括以下内容：

①投诉人与被投诉人的名称、地址及有效联系方式；

②投诉的招标工程名称、具体事项及理由；

③相关请求和主张及证明材料。

投诉书必须由单位盖章和法定代表人或其委托人签名或盖章。

（3）投诉人不得进行虚假、恶意投诉，阻碍投标活动的正常进行。

（4）工程造价管理机构在接到投诉书后应在两个工作日内进行审查，对有下列情况之一的，不予受理：

①投诉人不是所投诉招标工程的投标人。

②投诉书提交的时间不符合(1)规定的。

（5）工程造价管理机构决定受理投诉后，应在不迟于次日将受理情况书面通知投诉人、被投诉人以及负责该工程招投标监督的招投标管理机构。

（6）工程造价管理机构受理投诉后，应立即对招标控制价进行复查，组织投诉人、被投诉人或其委托的招标控制价编制人等单位人员对投诉问题逐一核对。有关当事人应当予以配合，并保证所提供资料的真实性。

（7）工程造价管理机构应当在受理投诉的 10 天内完成复查（特殊情况下可适当延长），并作出书面结论通知投诉人、被投诉人及负责该工程招投标监督的招投标管理机构。

（8）当招标控制价复查结论与原公布的招标控制价误差大于±3%的，应当责成招标人改正。

（9）招标人根据招标控制价复查结论，需要修改公布的招标控制价的，且最终招标控制价的发布时间至投标截止时间不足 15 天的，应当延长投标文件的截止时间。

2.2.6 投标价

1. 一般规定

(1)投标价应由投标人或受其委托具有相应资质的工程造价咨询人编制。

(2)除《计价规范》强制性规定外,投标人应依据招标文件及其招标工程量清单自主确定报价成本。

(3)投标报价不得低于工程成本。

(4)投标人应按招标工程量清单填报价格。项目编码、项目名称、项目特征、计量单位、工程量必须与招标工程量清单一致。

(5)投标人可根据工程实际情况结合施工组织设计,对招标人所列的措施项目进行增补。

2. 编制与复核

(1)投标报价应根据下列依据编制和复核:

①《计价规范》;

②国家或省级、行业建设主管部门颁发的计价办法;

③企业定额,国家或省级、行业建设主管部门颁发的计价定额;

④招标文件、工程量清单及其补充通知、答疑纪要;

⑤建设工程设计文件及相关资料;

⑥施工现场情况、工程特点及拟定的投标施工组织设计或施工方案;

⑦与建设项目相关的标准、规范等技术资料;

⑧市场价格信息或工程造价管理机构发布的工程造价信息;

⑨其他的相关资料。

(2)分部分项工程费应依据招标文件及其招标工程量清单中分部分项工程量清单项目的特征描述确定综合单价计算,并应符合下列规定:

①综合单价中应考虑招标文件中要求投标人承担的风险费用;

②招标工程量清单中提供了暂估单价的材料和工程设备,按暂估的单价计入综合单价。

(3)措施项目费应根据招标文件中的措施项目清单及投标时拟定的施工组织设计或施工方案按《计价规范》3.1.4条(本书2.2.3节"1. 计价方式"(1)的内容)的规定自主确定。其中安全文明施工费应按照《计价规范》第 3.1.4 条(本书2.2.3节"1. 计价方式"(4)的内容)的规定确定。

(4)其他项目费应按下列规定报价:

①暂列金额应按招标工程量清单中列出的金额填写;

②材料、工程设备暂估价应按招标工程量清单中列出的单价计入综合单价;

③专业工程暂估价应按招标工程量清单中列出的金额填写;

④计日工应按招标工程量清单中列出的项目和数量,自主确定综合单价并计算计日工总额;

⑤总承包服务费应根据招标工程量清单中列出的内容和提出的要求自主确定。

(5)规费和税金应按《计价规范》3.1.5(本书2.2.3节"1. 计价方式"(5)的内容)的规定确定。

（6）招标工程量清单与计价表中列明的所有需要填写的单价和合价的项目，投标人均应填写且只允许有一个报价。未填写单价和合价的项目，视为此项费用已包含在已标价工程量清单中其他项目的单价和合价之中。竣工结算时，此项目不得重新组价予以调整。

（7）投标总价应当与分部分项工程费、措施项目费、其他项目费和规费、税金的合计金额一致。

2.2.7　合同价款约定

1. 一般规定

（1）实行招标的工程合同价款应在中标通知书发出之日起 30 日内，由发承包双方依据招标文件和中标人的投标文件在书面合同中约定。合同约定不得违背招、投标文件中关于工期、造价、质量等方面的实质性内容。招标文件与中标人投标文件不一致的地方，以投标文件为准。

（2）不实行招标的工程合同价款，在发承包双方认可的工程价款基础上，由发承包双方在合同中约定。

（3）实行工程量清单计价的工程，应当采用单价合同。合同工期较短，建设规模较小，技术难度较低，且施工图设计已审查完毕的建设工程可以采用总价合同；紧急抢险、救灾以及施工技术特别复杂的建设工程可以采用成本加酬金合同。

2. 约定内容

（1）发承包双方应在合同条款中对下列事项进行约定：

①预付工程款的数额、支付时间及抵扣方式；

②安全文明施工措施的支付计划，使用要求等；

③工程计量与支付工程进度款的方式、数额及时间；

④工程价款的调整因素、方法、程序、支付及时间；

⑤施工索赔与现场签证的程序、金额确认与支付时间；

⑥承担计价风险的内容、范围以及超出约定内容、范围的调整办法；

⑦工程竣工价款结算编制与核对、支付及时间；

⑧工程质量保证（保修）金的数额、预扣方式及时间；

⑨违约责任以及发生工程价款争议的解决方法及时间；

⑩与履行合同、支付价款有关的其他事项等。

（2）合同中没有按照（1）的要求约定或约定不明的，若发承包双方在合同履行中发生争议由双方协商确定；协商不能达成一致的，按《计价规范》的规定执行。

2.2.8　工程计量

1. 一般规定

（1）工程量应当按照相关工程的现行国家计量规范规定的工程量计算规则计算。

（2）工程计量可选择按月或按工程形象进度分段计量，具体计量周期在合同中约定。

（3）因承包人原因造成的超范围施工或返工的工程量，发包人不予计量。

2. 单价合同的计量

（1）工程计量时，若发现招标工程量清单中出现缺项、工程量偏差，或因工程变更引起工程量的增减，应按承包人在履行合同过程中实际完成的工程量计算。

(2)承包人应当按照合同约定的计量周期和时间,向发包人提交当期已完工程量报告。发包人应在收到报告后 7 天内核实,并将核实计量结果通知承包人。发包人未在约定时间内进行核实的,则承包人提交的计量报告中所列的工程量视为承包人实际完成的工程量。

(3)发包人认为需要进行现场计量核实时,应在计量前 24 小时通知承包人,承包人应为计量提供便利条件并派人参加。双方均同意核实结果时,则双方应在上述记录上签字确认。承包人收到通知后不派人参加计量,视为认可发包人的计量核实结果。发包人不按照约定时间通知承包人,致使承包人未能派人参加计量,计量核实结果无效。

(4)如承包人认为发包人的计量结果有误,应在收到计量结果通知后的 7 天内向发包人提出书面意见,并附上其认为正确的计量结果和详细的计算资料。发包人收到书面意见后,应对承包人的计量结果进行复核后通知承包人。承包人对复核计量结果仍有异议的,按照合同约定的争议解决办法处理。

(5)承包人完成已标价工程量清单中每个项目的工程量后,发包人应要求承包人派员共同对每个项目的历次计量报表进行汇总,以核实最终结算工程量。发承包双方应在汇总表上签字确认。

3. 总价合同的计量

(1)总价合同项目的计量和支付应以总价为基础,发承包双方应在合同中约定工程计量的形象目标或时间节点。承包人实际完成的工程量,是进行工程目标管理和控制进度支付的依据。

(2)承包人应在合同约定的每个计量周期内,对已完成的工程进行计量,并向发包人提交达到工程形象目标完成的工程量和有关计量资料的报告。

(3)发包人应在收到报告后 7 天内对承包人提交的上述资料进行复核,以确定实际完成的工程量和工程形象目标。对其有异议的,应通知承包人进行共同复核。

(4)除按照发包人工程变更规定引起的工程量增减外,总价合同各项目的工程量是承包人用于结算的最终工程量。

2.2.9 合同价款调整

1. 一般规定

(1)以下事项(但不限于)发生,发承包双方应当按照合同约定调整合同价款:

①法律法规变化;

②工程变更;

③项目特征描述不符;

④工程量清单缺项;

⑤工程量偏差;

⑥物价变化;

⑦暂估价;

⑧计日工;

⑨现场签证;

⑩不可抗力;

⑪提前竣工（赶工补偿）；

⑫误期赔偿；

⑬施工索赔；

⑭暂列金额；

⑮发承包双方约定的其他调整事项。

（2）出现合同价款调增事项（不含工程量偏差、计日工、现场签证、施工索赔）后的 14 天内，承包人应向发包人提交合同价款调增报告并附上相关资料，若承包人在 14 天内未提交合同价款调增报告的，视为承包人对该事项不存在调整价款。

（3）发包人应在收到承包人合同价款调增报告及相关资料之日起 14 天内对其核实，予以确认的应书面通知承包人。如有疑问，应向承包人提出协商意见。发包人在收到合同价款调增报告之日起 14 天内未确认也未提出协商意见的，视为承包人提交的合同价款调增报告已被发包人认可。发包人提出协商意见的，承包人应在收到协商意见后的 14 天内对其核实，予以确认的应书面通知发包人。如承包人在收到发包人的协商意见后 14 天内既不确认也未提出不同意见的，视为发包人提出的意见已被承包人认可。

（4）如发包人与承包人对不同意见不能达成一致的，只要不实质影响发承包双方履约的，双方应实施该结果，直到其按照合同争议的解决被改变为止。

（5）出现合同价款调减事项（不含工程量偏差、施工索赔）后的 14 天内，发包人应向承包人提交合同价款调减报告并附相关资料，若发包人在 14 天内未提交合同价款调减报告的，视为发包人对该事项不存在调整价款。

（6）经发承包双方确认调整的合同价款，作为追加（减）合同价款，与工程进度款或结算款同期支付。

2. 法律法规变化

（1）招标工程以投标截止日前 28 天，非招标工程以合同签订前 28 天为基准日，其后因国家的法律、法规、规章和政策发生变化引起工程造价增减变化的，发承包双方应当按照省级或行业建设主管部门或其授权的工程造价管理机构据此发布的规定调整合同价款。

（2）因承包人原因导致工期延误，且（1）条规定的调整时间在合同工程原定竣工时间之后，不予调整合同价款。

3. 工程变更

（1）工程变更引起已标价工程量清单项目或其工程数量发生变化，应按照下列规定调整：

①已标价工程量清单中有适用于变更工程项目的，采用该项目的单价；但当工程变更导致该清单项目的工程数量发生变化，且工程量偏差超过 15%，此时，该项目单价的调整应按照《计价规范》第 9.6.2 条（本节"6. 工程量偏差"（2）的内容）的规定调整。

②已标价工程量清单中没有适用但有类似于变更工程项目的，可在合理范围内参照类似项目的单价。

③已标价工程量清单中没有适用也没有类似于变更工程项目的，由承包人根据变更工程资料、计量规则和计价办法、工程造价管理机构发布的信息价格和承包人报价浮动率提出变更工程项目的单价，报发包人确认后调整。承包人报价浮动率可按下列公式计算：

招标工程:承包人报价浮动率 $L=(1-中标价/招标控制价)\times100\%$

非招标工程:承包人报价浮动率 $L=(1-报价值/施工图预算)\times100\%$

④已标价工程量清单中没有适用也没有类似的变更工程项目,且工程造价管理机构发布的信息价格缺价的,由承包人根据变更工程资料、计量规则、计价办法和通过市场调查等取得有合法依据的市场价格提出变更工程项目的单价,报发包人确认后调整。

(2)工程变更引起施工方案改变,并使措施项目发生变化的,承包人提出调整措施项目费的,应事先将拟实施的方案提交发包人确认,并详细说明与原方案措施项目相比的变化情况。拟实施的方案经发承包双方确认后执行。该情况下,应按照下列规定调整措施项目费:

①安全文明施工费,按照实际发生变化的措施项目调整。

②采用单价计算的措施项目费,按照实际发生变化的措施项目按(1)的规定确定单价。

③按总价(或系数)计算的措施项目费,按照实际发生变化的措施项目调整,但应考虑承包人报价浮动因素,即调整金额按照实际调整金额乘以(1)规定的承包人报价浮动率计算。

如果承包人未事先将拟实施的方案提交给发包人确认,则视为工程变更不引起措施项目费的调整或承包人放弃调整措施项目费的权利。

(3)如果工程变更项目出现承包人在工程量清单中填报的综合单价与发包人招标控制价或施工图预算相应清单项目的综合单价偏差超过 15%,则工程变更项目的综合单价可由发承包双方按照下列规定调整:

①当 $P_0<P_1\times(1-L)\times(1-15\%)$ 时,该类项目的综合单价按照 $P_1\times(1-L)\times(1-15\%)$ 调整。

②当 $P_0>P_1\times(1+15\%)$ 时,该类项目的综合单价按照 $P_1\times(1+15\%)$ 调整。

式中:P_0——承包人在工程量清单中填报的综合单价;

P_1——发包人招标控制价或施工图预算相应清单项目的综合单价;

L——(1)定义的承包人报价浮动率。

(4)如果发包人提出的工程变更,因为非承包人原因删减了合同中的某项原定工作或工程,致使承包人发生的费用或(和)得到的收益不能被包括在其他已支付或应支付的项目中,也未被包含在任何替代的工作或工程中,则承包人有权提出并得到合理的利润补偿。

4. 项目特征描述不符

(1)承包人在招标工程量清单中对项目特征的描述,应被认为是准确的和全面的,并且与实际施工要求相符合。承包人应按照发包人提供的工程量清单,根据其项目特征描述的内容及有关要求实施合同工程,直到其被改变为止。

(2)合同履行期间,出现实际施工设计图纸(含设计变更)与招标工程量清单任一项目的特征描述不符,且该变化引起该项目的工程造价增减变化的,应按照实际施工的项目特征重新确定相应工程量清单项目的综合单价,计算调整的合同价款。

5. 工程量清单缺项

(1)合同履行期间,出现招标工程量清单项目缺项的,发承包双方应调整合同价款。

(2)招标工程量清单中出现缺项,造成新增工程量清单项目的,应按照《计价规范》第9.3.1条(本节"3.工程变更"(1)的内容)规定确定单价,调整分部分项工程费。

(3)由于招标工程量清单中分部分项工程出现缺项,引起措施项目发生变化的,应按照《计价规范》9.3.2条(本节"3.工程变更"(2)的内容)的规定,在承包人提交的实施方案被发包人批准后,计算调整措施费用。

6.工程量偏差

(1)合同履行期间,出现工程量偏差,且符合(2)、(3)条规定的,发承包双方应调整合同价款。出现《计价规范》第9.3.3条(本节"3.工程变更"(3)的内容)情形的,应先按照其规定调整,再按照本条规定调整。

(2)对于任一招标工程量清单项目,如果因本条规定的工程量偏差和第9.3条(本节"3.工程变更")规定的工程变更等原因导致工程量偏差超过15%。调整的原则为:当工程量增加15%以上时,其增加部分的工程量的综合单价应予调低;当工程量减少15%以上时,减少后剩余部分的工程量的综合单价应予调高。此时,按下列公式调整结算分部分项工程费:

①当 $Q_1 > 1.15Q_0$ 时,$S = 1.15Q_0 \times P_0 + (Q_1 - 1.15Q_0) \times P_1$

②当 $Q_1 < 0.85Q_0$ 时,$S = Q_1 \times P_1$

式中:S——调整后的某一分部分项工程费结算价;

$\quad Q_1$——最终完成的工程量;

$\quad Q_0$——招标工程量中列出的工程量;

$\quad P_1$——按照最终完成工程量重新调整后的综合单价;

$\quad P_0$——承包人在工程量清单中填报的综合单价。

(3)如果工程量出现(2)的变化,且该变化引起相关措施项目相应发生变化,如按系数或单一总价方式计价的,工程量增加的措施项目费调增,工程量减少的措施项目费适当调减。

7.物价变化

(1)合同履行期间,出现工程造价管理机构发布的人工、材料、工程设备和施工机械台班单价或价格与合同工程基准日期相应单价或价格比较出现涨落,且符合(2)、(3)条规定的,发承包双方应调整合同价款。

(2)按照(1)规定人工单价发生涨落的,应按照合同工程发生的人工数量和合同履行期与基准日期人工单价对比的价差的乘积计算或按照人工费调整系数计算调整人工费。

(3)承包人采购材料和工程设备的,应在合同中约定可调材料、工程设备价格变化的范围或幅度,如没有约定,则按照(1)规定的材料、工程设备单价变化超过5%,施工机械台班单价变化超过10%,则超过部分的价格应予调整。该情况下,应按照价格系数调整法或价格差额调整法(具体方法见条文说明)计算调整材料设备费和施工机械费。

(4)执行(3)规定时,发生合同工程工期延误的,应按照下列规定确定合同履行期用于调整的价格或单价:因发包人原因导致工期延误的,则计划进度日期后续工程的价格或单价,采用计划进度日期与实际进度日期两者的较高者;因承包人原因导致工期延误的,则计划进度日期后续工程的价格或单价,采用计划进度日期与实际进度日期两者的较低者。

(5)承包人在采购材料和工程设备前,应向发包人提交一份能阐明采购材料和工程设备数量和新单价的书面报告。发包人应在收到承包人书面报告后的3个工作日内核实,并确认用于合同工程后,对承包人采购材料和工程设备的数量和新单价予以确定;发包人对此未确定也未提出修改意见的,视为承包人提交的书面报告已被发包人认可,作为调整合同价款的依据。承包人未经发包人确定即自行采购材料和工程设备,再向发包人提出调整合同价款的,如发包人不同意,则合同价款不予调整。

(6)发包人供应材料和工程设备的,(3)、(4)、(5)规定均不用,由发包人按照实际变化调整,列入合同工程的工程造价内。

8. 暂估价

(1)发包人在招标工程量清单中给定暂估价的材料、工程设备属于依法必须招标的,由发承包双方以招标的方式选择供应商。中标价格与招标工程量清单中所列的暂估价的差额以及相应的规费、税金等费用,应列入合同价格。

(2)发包人在招标工程量清单中给定暂估价的材料和工程设备不属于依法必须招标的,由发承包人按照合同约定采购。经发包人确认的材料和工程设备价格与招标工程量清单中所列的暂估价的差额以及相应的规费、税金等费用,应列入合同价格。

(3)发包人在工程量清单中给定暂估价的专业工程不属于依法必须招标的,应按照"3. 工程变更"相应条款的规定确定专业工程价款。经确认的专业工程价款与招标工程量清单中所列的暂估价的差额以及相应的规费、税金等费用,应列入合同价格。

(4)发包人在招标工程量清单中给定暂估价的专业工程,依法必须招标的,应当由发承包双方依法组织招标选择专业分包人,并接受有管辖权的建设工程招标投标管理机构的监督。除合同另有约定外,承包人不参与投标的专业工程分包招标,应由承包人作为招标人,但招标文件评标工作、评标结果应报送发包人批准。与组织招标工作有关的费用应当被认为已经包括在承包人的签约合同价(投标总报价)中。承包人参加投标的专业工程分包招标,应由发包人作为招标人,与组织招标工作有关的费用由发包人承担。同等条件下,应优先选择承包人中标。

(5)专业工程分包中标价格与招标工程量清单中所列的暂估价的差额以及相应的规费、税金等费用,应列入合同价格。

9. 计日工

(1)发包人通知承包人以计日工方式实施的零星工作,承包人应予执行。

(2)采用计日工计价的任何一项变更工作,承包人应在该项变更的实施过程中,每天提交以下报表和有关凭证送发包人复核:

①工作名称、内容和数量;

②投入该工作所有人员的姓名、工种、级别和耗用工时;

③投入该工作的材料名称、类别和数量;

④投入该工作的施工设备型号、台数和耗用台时;

⑤发包人要求提交的其他资料和凭证。

(3)任一计日工项目持续进行时,承包人应在该项工作实施结束后的 24 小时内,向发包人提交有计日工记录汇总的现场签证报告一式三份。发包人在收到承包人提交现场签证报告后的 2 天内予以确认并将其中一份返还给承包人,作为计日工计价和支付的依据。发包人逾期未确认也未提出修改意见的,视为承包人提交的现场签证报告已被发包人认可。

(4)任一计日工项目实施结束。发包人应按照确认的计日工现场签证报告核实该类项目的工程数量,并根据核实的工程数量和承包人已标价工程量清单中的计日工单价计算,提出应付价款;已标价工程量清单中没有该类计日工单价的,由发承包双方按本节"3.工程变更"的规定商定计日工单价计算。

(5)每个支付期末,承包人应按照2.2.10节"4.进度款"的规定向发包人提交本期间所有计日工记录的签证汇总表,以说明本期间自己认为有权得到的计日工价款,列入进度款支付。

10. 现场签证

(1)承包人应发包人要求完成合同以外的零星项目、非承包人责任事件等工作的,发包人应及时以书面形式向承包人发出指令,提供所需的相关资料;承包人在收到指令后,应及时向发包人提出现场签证要求。

(2)承包人应在收到发包人指令后的7天内,向发包人提交现场签证报告,报告中应写明所需的人工、材料和施工机械台班的消耗量等内容。发包人应在收到现场签证报告后的48小时内对报告内容进行核实,予以确认或提出修改意见。发包人在收到承包人现场签证报告后的48小时内未确认也未提出修改意见的,视为承包人提交的现场签证报告已被发包人认可。

(3)现场签证的工作如已有相应的计日工单价,则现场签证中应列明完成该类项目所需的人工、材料、工程设备和施工机械台班的数量。如现场签证的工作没有相应的计日工单价,应在现场签证报告中列明完成该签证工作所需的人工、材料设备和施工机械台班的数量及其单价。

(4)合同工程发生现场签证事项,未经发包人签证确认,承包人便擅自施工的,除非征得发包人同意,否则发生的费用由承包人承担。

(5)现场签证工作完成后的7天内,承包人应按照现场签证内容计算价款,报送发包人确认后,作为追加合同价款,与工程进度款同期支付。

11. 不可抗力

因不可抗力事件导致的费用,发承包双方应按以下原则分别承担并调整工程价款:

(1)工程本身的损害、因工程损害导致第三方人员伤亡和财产损失以及运至施工场地用于施工的材料和待安装的设备的损害,由发包人承担。

(2)发包人、承包人人员伤亡由其所在单位负责,并承担相应费用。

(3)承包人的施工机械设备损坏及停工损失,由承包人承担。

(4)停工期间,承包人应发包人要求留在施工场地的必要的管理人员及保卫人员的费用由发包人承担。

(5)工程所需清理、修复费用,由发包人承担。

12. 提前竣工(赶工补偿)

(1)发包人要求承包人提前竣工,应征得承包人同意后与承包人商定采取加快工程进度的措施,并修订合同工程进度计划。

(2)合同工程提前竣工,发包人应承担承包人由此增加的费用,并按照合同约定向承包人支付提前竣工(赶工补偿)费。

(3)发承包双方应在合同中约定提前竣工每日历天应补偿额度。除合同另有约定外,提前竣工补偿的最高限额为合同价款的 5％。此项费用列入竣工结算文件中，与结算款一并支付。

13. 误期赔偿

(1)如果承包人未按照合同约定施工，导致实际进度迟于计划进度的，发包人应要求承包人加快进度，实现合同工期。

合同工程发生误期，承包人应赔偿发包人由此造成的损失，并按照合同约定向发包人支付误期赔偿费。即使承包人支付误期赔偿费，也不能免除承包人按照合同约定应承担的任何责任和应履行的任何义务。

(2)发承包双方应在合同中约定误期赔偿费，明确每日历天应赔额度。除合同另有约定外，误期赔偿费的最高限额为合同价款的 5％。误期赔偿费列入竣工结算文件中，在结算款中扣除。

(3)如果在工程竣工之前，合同工程内的某单位工程已通过了竣工验收，且该单位工程接收证书中表明的竣工日期并未延误，而是合同工程的其他部分产生了工期延误，则误期赔偿费应按照已颁发工程接收证书的单位工程造价占合同价款的比例幅度予以扣减。

14. 施工索赔

(1)合同一方向另一方提出索赔时，应有正当的索赔理由和有效证据，并应符合合同的相关约定。

(2)根据合同约定，承包人认为非承包人原因发生的事件造成了承包人的损失，应按以下程序向发包人提出索赔：

①承包人应在索赔事件发生后 28 天内，向发包人提交索赔意向通知书，说明发生索赔事件的事由。承包人逾期未发出索赔意向通知书的，丧失索赔的权利。

②承包人应在发出索赔意向通知书后 28 天内，向发包人正式提交索赔通知书。索赔通知书应详细说明索赔理由和要求，并附必要的记录和证明材料。

③索赔事件具有连续影响的，承包人应继续提交延续索赔通知，说明连续影响的实际情况和记录。

④在索赔事件影响结束后的 28 天内，承包人应向发包人提交最终索赔通知书，说明最终索赔要求，并附必要的记录和证明材料。

(3)承包人索赔应按下列程序处理：

①发包人收到承包人的索赔通知书后，应及时查验承包人的记录和证明材料；

②发包人应在收到索赔通知书或有关索赔的进一步证明材料后的 28 天内，将索赔处理结果答复承包人，如果发包人逾期未作出答复，视为承包人索赔要求已经发包人认可；

③承包人接受索赔处理结果的，索赔款项在当期进度款中进行支付；承包人不接受索赔处理结果的，按合同约定的争议解决方式办理。

(4)承包人要求赔偿时，可以选择以下一项或几项方式获得赔偿：

①延长工期；

②要求发包人支付实际发生的额外费用；

③要求发包人支付合理的预期利润；

④要求发包人按合同的约定支付违约金。

(5)若承包人的费用索赔与工期索赔要求相关联时,发包人在作出费用索赔的批准决定时,应结合工程延期,综合作出费用赔偿和工程延期的决定。

(6)发承包双方在按合同约定办理了竣工结算后,应被认为承包人已无权再提出竣工结算前所发生的任何索赔。承包人在提交的最终结清申请中,只限于提出竣工结算后的索赔,提出索赔的期限自发承包双方最终结清时终止。

(7)根据合同约定,发包人认为由于承包人的原因造成发包人的损失,应参照承包人索赔的程序进行索赔。

(8)发包人要求赔偿时,可以选择以下一项或几项方式获得赔偿:

①延长质量缺陷修复期限;

②要求承包人支付实际发生的额外费用;

③要求承包人按合同的约定支付违约金。

(9)承包人应付给发包人的索赔金额可从拟支付给承包人的合同价款中扣除,或由承包人以其他方式支付给发包人。

15. 暂列金额

(1)已签约合同价中的暂列金额由发包人掌握使用。

(2)发包人按照上述1~14的规定所作支付后,暂列金额如有余额归发包人。

2.2.10 合同价款中期支付

1. 预付款

(1)预付款是用于承包人为合同工程施工购置材料、工程设备,购置或租赁施工设备、修建临时设施以及组织施工队伍进场等所需的款项。

预付款的支付比例不宜高于合同价款的30%。承包人对预付款必须专用于合同工程。

(2)承包人应在签订合同或向发包人提供与预付款等额的预付款保函(如有)后向发包人提交预付款支付申请。

发包人应对在收到支付申请的7天内进行核实后向承包人发出预付款支付证书,并在签发支付证书后的7天内向承包人支付预付款。

(3)发包人没有按时支付预付款的,承包人可催告发包人支付;发包人在付款期满后的7天内仍未支付的,承包人可在付款期满后的第8天起暂停施工。发包人应承担由此增加的费用和(或)延误的工期,并向承包人支付合理利润。

(4)预付款应从每支付期应支付给承包人的工程进度款中扣回,直到扣回的金额达到合同约定的预付款金额为止。

(5)承包人的预付款保函(如有)的担保金额根据预付款扣回的数额相应递减,但在预付款全部扣回之前一直保持有效。发包人应在预付款扣完后的14天内将预付款保函退还给承包人。

2. 安全文明施工费

(1)安全文明施工费的内容和范围,应以国家和工程所在地省级建设行政主管部门的规定为准。

(2)发包人应在工程开工后的28天内预付不低于当年的安全文明施工费总额的50%,其余部分与进度款同期支付。

（3）发包人没有按时支付安全文明施工费的，承包人可催告发包人支付；发包人在付款期满后的 7 天内仍未支付的，若发生安全事故的，发包人应承担连带责任。

（4）承包人应对安全文明施工费专款专用，在财务账目中单独列项备查，不得挪作他用，否则发包人有权要求其限期改正；逾期未改正的，造成的损失和（或）延误的工期由承包人承担。

3. 总承包服务费

（1）发包人应在工程开工后的 28 天内向承包人预付总承包服务费的 20%，分包进场后，其余部分与进度款同期支付。

（2）发包人未按合同约定向承包人支付总承包服务费，承包人可不履行总承包服务义务，由此造成的损失（如有）由发包人承担。

4. 进度款

（1）进度款支付周期，应与合同约定的工程计量周期一致。

（2）承包人应在每个计量周期到期后的 7 天内向发包人提交已完工程进度款支付申请一式四份，详细说明此周期自己认为有权得到的款额，包括分包人已完工程的价款。支付申请的内容包括：

①累计已完成工程的工程价款；

②累计已实际支付的工程价款；

③本期间完成的工程价款；

④本期间已完成的计日工价款；

⑤应支付的调整工程价款；

⑥本期间应扣回的预付款；

⑦本期间应支付的安全文明施工费；

⑧本期间应支付的总承包服务费；

⑨本期间应扣留的质量保证金；

⑩本期间应支付的、应扣除的索赔金额；

⑪本期间应支付或扣留（扣回）的其他款项；

⑫本期间实际应支付的工程价款。

（3）发包人应在收到承包人进度款支付申请后的 14 天内根据计量结果和合同约定对申请内容予以核实，确认后向承包人出具进度款支付证书。

（4）发包人应在签发进度款支付证书后的 14 天内，按照支付证书列明的金额向承包人支付进度款。

（5）若发包人逾期未签发进度款支付证书，则视为承包人提交的进度款支付申请已被发包人认可，承包人可向发包人发出催告付款的通知。发包人应在收到通知后的 14 天内，按照承包人支付申请阐明的金额向承包人支付进度款。

（6）发包人未按照（4）、（5）条规定支付进度款的，承包人可催告发包人支付，并有权获得延迟支付的利息；发包人在付款期满后的 7 天内仍未支付的，承包人可在付款期满后的第 8 天起暂停施工。发包人应承担由此增加的费用和（或）延误的工期，向承包人支付合理利润，并承担违约责任。

(7)发现已签发的任何支付证书有错、漏或重复的数额,发包人有权予以修正,承包人也有权提出修正申请。经经承包双方复核同意修正的,应在本次到期的进度款中支付或扣除。

2.2.11　竣工结算与支付

1.竣工结算

(1)合同工程完工后,承包人应在提交竣工验收申请前编制完成竣工结算文件,并在提交竣工验收申请的同时向发包人提交竣工结算文件。承包人未在规定的时间内提交竣工结算文件,经发包人催促后 14 天内仍未提交或没有明确答复,发包人有权根据已有资料编制竣工结算文件,作为办理竣工结算和支付结算款的依据,承包人应予以认可。

(2)发包人应在收到承包人提交的竣工结算文件后的 28 天内审核完毕。发包人经核实,认为承包人还应进一步补充资料和修改结算文件,应在上述时限内向承包人提出核实意见,承包人在收到核实意见后的 14 天内按照发包人提出的合理要求补充资料,修改竣工结算文件,并再次提交给发包人复核后批准。

(3)发包人应在收到承包人再次提交的竣工结算文件后的 28 天内予以复核,并将复核结果通知承包人。

①发包人、承包人对复核结果无异议的,应在 7 天内在竣工结算文件上签字确认,竣工结算办理完毕。

②发包人或承包人对复核结果认为有误的,无异议部分按照(1)规定办理不完全竣工结算;有异议部分由发承包双方协商解决,协商不成的,按照合同约定的争议解决方式处理。

(4)发包人在收到承包人竣工结算文件后的 28 天内,不审核竣工结算或未提出审核意见的,视为承包人提交的竣工结算文件已被发包人认可,竣工结算办理完毕。承包人在收到发包人提出的核实意见后的 28 天内,不确认也未提出异议的,视为发包人提出的核实意见已被承包人认可,竣工结算办理完毕。

(5)发包人委托造价咨询人审核竣工结算的,工程造价咨询人应在 28 天内审核完毕,审核结论与承包人竣工结算文件不一致的,应提交给承包人复核,承包人应在 14 天内将同意审核结论或不同意见的说明提交工程造价咨询人。工程造价咨询人收到承包人提出的异议后,应再次复核,复核无异议的,按(3)条①规定办理,复核后仍有异议的,按(3)条②规定办理。承包人逾期未提出书面异议,视为工程造价咨询人审核的竣工结算文件已经承包人认可。

(6)对发包人或造价咨询人指派的专业人员与承包人经审核后无异议的竣工结算文件,除非发包人能提出具体、详细的不同意见,发包人应在竣工结算文件上签名确认,拒不签认的,承包人可不交付竣工工程。承包人并有权拒绝与发包人或其上级部门委托的工程造价咨询人重新核对竣工结算文件。承包人未及时提交竣工结算文件的,发包人要求交付竣工工程,承包人应当交付;发包人不要求交付竣工工程,承包人承担照管所建工程的责任。

(7)发承包双方或一方对工程造价咨询人出具的竣工结算文件有异议时,可向当地工程造价管理机构投诉,申请对其进行执业质量鉴定。

(8)工程造价管理机构受理投诉后,应当组织专家对投诉的竣工结算文件进行质量鉴定,并作出鉴定意见。

(9)竣工结算办理完毕,发包人应将竣工结算书报送工程所在地(或有该工程管辖权的行业主管部门)工程造价管理机构备案,竣工结算书作为工程竣工验收备案、交付使用的必备文件。

2. 结算款支付

(1)承包人应根据办理的竣工结算文件,向发包人提交竣工结算款支付申请。该申请应包括下列内容:

①竣工结算总额;

②已支付的合同价款;

③应扣留的质量保证金;

④应支付的竣工付款金额。

(2)发包人应在收到承包人提交竣工结算款支付申请后 7 天内予以核实,向承包人签发竣工结算支付证书。

(3)发包人签发竣工结算支付证书后的 14 天内,按照竣工结算支付证书列明的金额向承包人支付结算款。

(4)发包人未按照(3)的规定支付竣工结算款的,承包人可催告发包人支付,并有权获得延迟支付的利息。竣工结算支付证书签发后 56 天内仍未支付的,除法律另有规定外,承包人可与发包人协商将该工程折价,也可直接向人民法院申请将该工程依法拍卖。承包人就该工程折价或拍卖的价款优先受偿。

3. 质量保证(修)金

(1)承包人未按照法律法规有关规定和合同约定履行质量保修义务的,发包人有权从质量保证金中扣留用于质量保修的各项支出。

(2)发包人应按照合同约定的质量保修金比例从每支付期应支付给承包人的进度款或结算款中扣留,直到扣留的金额达到质量保证金的金额为止。

(3)在保修责任期终止后的 14 天内,发包人应将剩余的质量保证金返还给承包人。剩余质量保证金的返还,并不能免除承包人按照合同约定应承担的质量保修责任和应履行的质量保修义务。

4. 最终结清

(1)发承包双方应在合同中约定最终结清款的支付时限。承包人应按照合同约定的期限向发包人提交最终结清支付申请。发包人对最终结清支付申请有异议的,有权要求承包人进行修正和提供补充资料。承包人修正后,应再次向发包人提交修正后的最终结清支付申请。

(2)发包人应在收到最终结清支付申请后的 14 天内予以核实,向承包人签发最终结清证书。

(3)发包人应在签发最终结清支付证书后的 14 天内,按照最终结清支付证书列明的金额向承包人支付最终结清款。

(4)若发包人未在约定的时间内核实,又未提出具体意见的,视为承包人提交的最终结清支付申请已被发包人认可。

(5)发包人未按期最终结清支付的,承包人可催告发包人支付,并有权获得延迟支付的利息。

(6)承包人对发包人支付的最终结清款有异议的,按照合同约定的争议解决方式处理。

2.2.12　合同解除的价款结算与支付

(1)发承包双方协商一致解除合同的,按照达成的协议办理结算和支付工程款。

(2)由于不可抗力解除合同的,发包人应向承包人支付合同解除之日前已完成工程但尚未支付的工程款,并退回质量保证金。此外,发包人还应支付下列款项:

①已实施或部分实施的措施项目应付款项。

②承包人为合同工程合理订购且已交付的材料和工程设备货款。发包人一经支付此项货款,该材料和工程设备即成为发包人的财产。

③承包人为完成合同工程而预期开支的任何合理款项,且该项款项未包括在本款其他各项支付之内。

④由于不可抗力规定的任何工作应支付的款项。

⑤承包人撤离现场所需的合理款项,包括雇员遣送费和临时工程拆除、施工设备运离现场的款项。发承包双方办理结算工程款时,应扣除合同解除之日前发包人向承包人收回的任何款项。当发包人应扣除的款项超过了应支付的款项,则承包人应在合同解除后的 56 天内将其差额退还给发包人。

(3)因承包人违约解除合同的,发包人应暂停向承包人支付任何款项。发包人应在合同解除后 28 天内核实合同解除时承包人已完成的全部工程款以及已运至现场的材料和工程设备货款,并扣除误期赔偿费(如有)和发包人已支付给承包人的各项款项,同时将结果通知承包人。发承包双方应在 28 天内予以确认或提出意见,并办理结算工程款。如果发包人应扣除的款项超过了应支付的款项,则承包人应在合同解除后的 56 天内将其差额退还给发包人。

(4)因发包人违约解除合同的,发包人除应按照(2)的规定向承包人支付各项款项外,还应支付给承包人由于解除合同而引起的损失或损害的款项。该笔款项由承包人提出,发包人核实后与承包人协商确定后的 7 天内向承包人签发支付证书。协商不能达成一致的,按照合同约定的争议解决方式处理。

2.2.13　合同价款争议的解决

1. 监理或造价工程师暂定

(1)若发包人和承包人之间就工程质量、进度、价款支付与扣除、工期延期、索赔、价款调整等发生任何法律上、经济上或技术上的争议,首先应根据已签约合同的规定,提交合同约定职责范围内的总监理工程师或造价工程师解决,并抄给另一方。总监理工程师或造价工程师在收到此提交件后 14 天之内应将暂定结果通知发包人和承包人。发承包双方对暂定结果认可的,应以书面形式予以确认,暂定结果成为最终决定。

(2)发承包双方在收到总监理工程师或造价工程师的暂定结果通知之后的 14 天内,未对暂定结果予以确认也未提出不同意见的,视为发承包双方已认可该暂定结果。

(3)发承包双方或一方不同意暂定结果的,应以书面形式向总监理工程师或造价工程师提出,说明自己认为正确的结果,同时抄送另一方,此时该暂定结果成为争议。在暂定结果不实质影响发承包双方当事人履约的前提下,发承包双方应实施该结果,直到其被改变为止。

2.管理机构的解释或认定

（1）计价争议发生后，发承包双方可就下列事项以书面形式提请下列机构对争议作出解释或认定：

①有关工程安全标准等方面的争议应提请建设工程安全监督机构作出；

②有关工程质量标准等方面的争议应提请建设工程质量监督机构作出；

③有关工程计价依据等方面的争议应提请建设工程造价管理机构作出。

上述机构应对上述事项就发承包双方书面提请的争议问题作出书面解释或认定。

（2）发承包双方或一方在收到管理机构书面解释或认定后仍可按照合同约定的争议解决方式提请仲裁或诉讼。除上述管理机构的上级管理部门作出了不同的解释或认定，或在仲裁裁决或法院判决中不予采信的外，（1）规定的管理机构作出的书面解释或认定是最终结果，对发承包双方均有约束。

3.友好协商

（1）计价争议发生后，发承包双方任何时候都可以进行协商。协商达成一致的，双方应签订书面协议，书面协议对发承包双方均有约束力。

（2）如果协商不能达成一致协议，发包人或承包人都可以按合同约定的其他方式解决争议。

4.调解

（1）发承包双方应在合同中约定争议调解人，负责双方在合同履行过程中发生争议的调解。对任何调解人的任命，可以经过双方相互协议终止，但发包人或承包人都不能单独采取行动。除非双方另有协议，在最终结清支付证书生效后，调解人的任期即终止。

（2）如果发承包双方发生了争议，任一方可以将该争议以书面形式提交调解人，并将副本送另一方，委托调解人作出调解决定。发承包双方应按照调解人可能提出的要求，立即给调解人提供所需要的资料、现场进入权及相应设施。调解人应被视为不是在进行仲裁人的工作。

（3）调解人应在收到调解委托后 28 天内，或由调解人建议并经发承包双方认可的其他期限内，提出调解决定，发承包双方接受调解意见的，经双方签字后作为合同的补充文件，对发承包双方具有约束力，双方都应立即遵照执行。

（4）如果任一方对调解人的调解决定有异议，应在收到调解决定后 28 天内，向另一方发出异议通知，并说明争议的事项和理由。但除非并直到调解决定在友好协商或仲裁裁决中作出修改，或合同已经解除，承包人应继续按照合同实施工程。

（5）如果调解人已就争议事项向发承包双方提交了调解决定，而任一方在收到调解人决定后 28 天内，均未发出表示异议的通知，则调解决定对发承包双方均具有约束力。

5.仲裁、诉讼

（1）如果发承包双方的友好协商或调解均未达成一致意见，其中的一方已就此争议事项根据合同约定的仲裁协议申请仲裁，应同时通知另一方。

（2）仲裁可在竣工之前或之后进行，但发包人、承包人、调解人各自的义务不得因在工程实施期间进行仲裁而有所改变。如果仲裁是在仲裁机构要求停止施工的情况下进行，则对合同工程应采取保护措施，由此增加的费用由败诉方承担。

（3）在前1～4规定的期限之内，上述有关的暂定或友好协议或调解决定已经有约束力的情况下,如果发承包中一方未能遵守暂定或友好协议或调解决定,则另一方可在不损害他可能具有的任何其他权利的情况下,将未能遵守暂定或不执行友好协议或调解达成书面协议的事项提交仲裁。

(4)发包人、承包人在履行合同时发生争议,双方不愿和解、调解或者和解、调解不成,又没有达成仲裁协议的,可依法向人民法院提起诉讼。

6. 造价鉴定

(1)在合同纠纷案件处理中,需作工程造价鉴定的,应委托具有相应资质的工程造价咨询人进行。

(2)工程造价鉴定应根据合同约定作出,如合同条款约定出现矛盾或约定不明确,应根据《计价规范》的规定,结合工程的实际情况作出专业判断,形成鉴定结论。

2.2.14 工程计价资料与档案

1. 计价资料

(1)发承包双方应当在合同中约定各自在合同工程中现场管理人员的职责范围,双方现场管理人员在职责范围内签字确认的书面文件,是工程计价的有效凭证,但如有其他有效证据,或经实证证明其是虚假的除外。

(2)发承包双方不论在何种场合对与工程计价有关的事项所给予的批准、证明、同意、指令、商定、确定、确认、通知和请求,或表示同意、否定、提出要求和意见等,均应采用书面形式,口头指令不得作为计价凭证。

(3)任何书面文件由人面交应取得对方收据,通过邮寄应采用挂号传送,或发承包双方商定的电子传输方式发送。交付、传送或传输至指定的接收人的地址。如接收人通知了另外地址时,随后通信信息应按新地址发送。

(4)发承包双方分别向对方发出的任何书面文件,均应将其抄送现场管理人员,如系复印件应加盖合同工程管理机构印章,证明与原件同样。双方现场管理人员向对方所发任何书面文件,亦应将其复印件发送给发承包双方。复印件应加盖其合同工程管理机构印章,证明与原件同样。

(5)发承包双方均应当及时签收另一方送达其指定接收地点的来往信函,拒不签收的,送达信函的一方可以采用特快专递或者公证方式送达,所造成的费用增加(包括被迫采用特殊送达方式所发生的费用)和(或)延误的工期由拒绝签收一方承担。

(6)书面文件和通知不得扣压,一方能够提供证据证明另一方拒绝签收或已送达的,视为对方已签收并承担相应责任。

2. 计价档案

(1)发承包双方以及工程造价咨询人对具有保存价值的各种载体的计价文件,均应收集齐全,整理立卷后归档。

(2)发承包双方和工程造价咨询人应建立完善的工程计价档案管理制度,并符合国家和有关部门发布的档案管理相关规定。

(3)工程造价咨询人归档的计价文件,保存期不宜少于五年。

(4)归档的工程计价成果文件应包括纸质原件和电子文件。其他归档文件及依据可为纸质原件、复印件或电子文件。

(5)归档文件必须经过分类整理,并应组成符合要求的案卷。

(6)归档可以分阶段进行,也可以在项目结算完成后进行。

(7)向接受单位移交档案时,应编制移交清单,双方签字、盖章后方可交接。

2.2.15 工程计价表格

1.计价表格组成

(1)封面。

①工程量清单:见表2-1。

②招标控制价:见表2-2。

③投标总价:见表2-3。

④竣工结算总价:见表2-4。

(2)总说明:见表2-5。

(3)汇总表。

①工程项目招标控制价(投标报价)汇总表:见表2-6。

②单项工程招标控制价(投标报价)汇总表:见表2-7。

③单位工程招标控制价(投标报价)汇总表:见表2-8。

④工程项目竣工结算汇总表:见表2-9。

⑤单项工程竣工结算汇总表:见表2-10。

⑥单位工程竣工结算汇总表:见表2-11。

(4)分部分项工程量清单表。

①分部分项工程量清单与计价表:见表2-12。

②工程量清单综合单价分析表:见表2-13。

(5)措施项目清单表。

①措施项目清单与计价表(一):见表2-14。

②措施项目清单与计价表(二):见表2-15。

(6)其他项目清单表。

①其他项目清单与计价汇总表:见表2-16。

②暂列金额明细表:见表2-17。

③材料(工程设备)暂估单价表:见表2-18。

④专业工程暂估价表:见表2-19。

⑤计日工表:见表2-20。

⑥总承包服务费计价表:见表2-21。

⑦索赔与现场签证计价汇总表:见表2-22。

⑧费用索赔申请(核准)表:见表2-23。

⑨现场签证表:见表2-24。

(7)规费、税金项目清单与计价表:见表2-25。

(8)工程款支付申请(核准)表:见表2-26。

表 2 - 1　封面(1)

_____ 工程

工　程　量　清　单

招标人：_____
（单位盖章）

工程造价
咨询人：_____
（单位资质专用章）

法定代表人
或其授权人：_____
（签字或盖章）

法定代表人
或其授权人：_____
（签字或盖章）

编制人：_____
（造价人员签字盖专用章）

复核人：_____
（造价工程师签字盖专用章）

编制时间：　　年　　月　　日　　　　复核时间：　　年　　月　　日

表 2-2 封面(2)

_____工程

招 标 控 制 价

招标控制价(小写)：_____

（大写）：_____

招标人：_____

（单位盖章）

工程造价
咨询人：_____

（单位资质专用章）

法定代表人
或其授权人：_____

（签字或盖章）

法定代表人
或其授权人：_____

（签字或盖章）

编制人：_____

（造价人员签字盖专用章）

复核人：_____

（造价工程师签字盖专用章）

编制时间：　年　月　日　　　　复核时间：　年　月　日

表 2-3　封面(3)

投 标 总 价

招标人：＿＿＿＿＿＿＿＿＿＿＿＿＿＿＿＿＿

工程名称：＿＿＿＿＿＿＿＿＿＿＿＿＿＿＿＿

投标总价(小写)：＿＿＿＿＿＿＿＿＿＿＿＿＿

　　　(大写)：＿＿＿＿＿＿＿＿＿＿＿＿＿＿

　　　投标人：＿＿＿＿＿＿＿＿＿＿＿＿＿＿＿
　　　　　　　　　　　(单位盖章)

　　法定代表人
　　或其授权人：＿＿＿＿＿＿＿＿＿＿＿＿＿
　　　　　　　　　　　(签字或盖章)

　　　编制人：＿＿＿＿＿＿＿＿＿＿＿＿＿＿＿
　　　　　　　　(造价人员签字盖专用章)

　　时　　间：　年　　月　　日

表 2-4 封面(4)

_____ **工程**

竣工结算总价

中标价(小写):_____ (大写):_____

结算价(小写):_____ (大写):_____

发包人:_____ 承包人:_____ 工程造价
咨询人:_____

    (单位盖章)   (单位盖章)   (单位资质专用章)

法定代表人   法定代表人   法定代表人
或其授权人:_____ 或其授权人:_____ 或其授权人:_____

  (签字或盖章)   (签字或盖章)   (签字或盖章)

编制人:_____ 核对人:_____

 (造价人员签字盖专用章)   (造价工程师签字盖专用章)

编制时间: 年 月 日   核对时间: 年 月 日

表 2-5 总说明

工程名称　　　　　　　　　　　　　　　　　　　　　　　　第　页共　页

表 2-6　工程项目 招标控制价 汇总表
（投标报价）

工程名称：　　　　　　　　　　　　　　　　　　　　　　　　　第　页共　页

序号	单项工程名称	金额(元)	其中:(元)		
			暂估价	安全文明施工费	规费
	合计				

注:本表适用于工程项目招标控制价或投标报价的汇总。

表 2-7　单项工程 招标控制价 汇总表
　　　　　　　　　　　　　　　（投标报价）

工程名称：　　　　　　　　　　　　　　　　　　　　　　　　　　第　页共　页

序号	单项工程名称	金额（元）	其中:（元）		
			暂估价	安全文明施工费	规费
	合计				

注:本表适用于单项工程招标控制价或投标报价的汇总。暂估价包括分部分项项工程中的暂估价和专业项工程暂估价。

表 2-8 单位工程 招标控制价 汇总表
（投标报价）

工程名称： 标段： 第 页共 页

序号	汇总内容	金额（元）	其中：暂估价（元）
1	分部分项工程		
1.1			
1.2			
1.3			
1.4			
1.5			
2	措施项目		—
2.1	安全文明施工费		—
3	其他项目		—
3.1	暂列金额		—
3.2	专业项工程暂估价		
3.3	计日工		—
3.4	总承包服务费		—
4	规费		—
5	税金		—
招标控制价合计 1+2+3+4+5			

注:本表适用于单项工程招标控制价或投标报价的汇总。

表 2-9 工程项目竣工结算汇总表

工程名称：　　　　　　　　　　　　　　　　　　　　　　　第　页共　页

序号	单项工程名称	金额(元)	其中:(元)	
			安全文明施工费	规费
	合　　计			

表 2-10 单项工程竣工结算汇总表

工程名称：   第 页共 页

序号	单项工程名称	金额(元)	其中:(元)	
			安全文明施工费	规费
	合 计			

表 2 - 11　单位工程竣工结算汇总表

工程名称：　　　　　　　标段：　　　　　　　　　　　　第　页共　页

序号	汇总内容	金额(元)
1	分部分项工程	
1.1		
1.2		
1.3		
1.4		
1.5		
2	措施项目	
2.1	安全文明施工费	
3	其他项目	
3.1	专业工程结算价	
3.2	计日工	
3.3	总承包服务费	
3.4	索赔与现场签证	
4	规费	
5	税金	
竣工结算总价合计＝1＋2＋3＋4＋5		

表 2-12 分部分项工程量清单与计价表

工程名称：　　　　　标段：　　　　　　　　　　　　　　　　第 页共 页

序号	项目编码	项目名称	项目特征描述	计量单位	工程量	金额（元）			
						综合单价	合价	其中	
								暂估价	
	本页小计								
	合　计								

注：根据建设部、财政部发布的《建筑安装工程费用组成》（建标〔2003〕206 号）的规定，为计取规费等的使用，可在表中增设其中："直接费"、"人工费"或"人工费＋机械费"。

表 2 - 13 工程量清单综合单价分析表

工程名称： 标段： 第 页共 页

项目编码		项目名称					计量单位			
清单综合单价组成明细										
定额编号	定额名称	定额单位	数量	单价				合价			
				人工费	材料费	机械费	管理费和利润	人工费	材料费	机械费	管理费和利润
人工单价			小 计								
元/工日			未计价材料费								
清单项目综合单价											

	主要材料名称、规格、型号	单位	数量	单价（元）	合价（元）	暂估单价(元)	暂估合价(元)
材料费明细							
	其他材料费			—		—	
	材料费小计			—		—	

注：1. 如不使用省级或行业建设主管部门发布的计价依据，可不填定额项目、编号等。

　　2. 招标文件提供了暂估单价的材料，按暂估的单价填入表内"暂估单价"栏及"暂估合价"栏。

表 2-14 措施项目清单与计价表(一)

工程名称：　　　　　　　　标段：　　　　　　　　　　　　第　页共　页

序号	项目编码	项目名称	计算基础	费率(%)	金额(元)
		安全文明施工费			
		夜间施工费			
		二次搬运费			
		冬雨季施工			
		大型机械设备进出场及安拆费			
		施工排水			
		施工降水			
		地上、地下设施、建筑物的临时保护设施			
		已完工程及设备保护			
		各专业工程的措施项目			
		合计			

注：1.本表适用于以"项"计价的措施项目。

　　2.根据建设部、财政部发布的《建筑安装工程费用组成》(建标〔2003〕206号)的规定，"计算基础"可为"直接费"、"人工费"或"人工费＋机械费"。

表2-15　措施项目清单与计价表(二)

工程名称：　　　　　　标段：　　　　　　　　　　　第　页共　页

序号	项目编码	项目名称	项目特征描述	计量单位	工程量	金额(元)	
						综合单价	合价
本页小计							
合计							

注:本表适用于以综合单价形式计价的措施项目。

表 2-16 其他项目清单与计价汇总表

工程名称：　　　　　　标段：　　　　　　　　　　　　　第　页共　页

序号	项目名称	计量单位	金额(元)	备注
1	暂列金额	项		明细详见表 2-17
2	暂估价			
2.1	材料(工程设备)暂估价		—	明细详见表 2-18
2.2	专业工程暂估价			明细详见表 2-19
3	计日工			明细详见表 2-20
4	总承包服务费			明细详见表 2-21
5				
合计				—

注：材料暂估单价进入清单项目综合单价，此处不汇总。

表 2−17 暂列金额明细表

工程名称：　　　　　　标段：　　　　　　　　　　　　　　　　第　页共　页

序号	项目名称	计量单位	暂定金额（元）	备注
1				
2				
3				
4				
5				
6				
7				
8				
9				
10				
11				
合计				—

注：此表由招标人填写，如不能详列，也可只列暂定金额总额，投标人应将上述暂列金额计入投标总价中。

表 2 - 18 材料(工程设备)暂估单价表

工程名称： 标段： 第 页共 页

序号	材料(工程设备)名称、规格、型号	计量单位	单价(元)	备注

注:1.此表由招标人填写,并在备注栏说明暂估价的材料拟用在哪些清单项目上,投标人应将上述材料暂估单价计入工程量清单综合单价报价中。

2.材料包括原材料、燃料、构配件以及按规定应计入建筑安装工程造价的设备。

表2-19 专业工程暂估价表

工程名称： 标段： 第 页共 页

序号	工程名称	工程内容	金额（元）	备注
	合计			

注：此表由招标人填写，投标人应将上述专业项工程暂估价计入投标总价中。

表 2 - 20　计日工表

工程名称：　　　　　　　标段：　　　　　　　　　　　第　页共　页

编号	项目名称	单位	暂定数量	综合单价	合价
一	人工				
1					
2					
3					
4					
人工小计					
二	材料				
1					
2					
3					
4					
5					
6					
材料小计					
三	施工机械				
1					
2					
3					
4					
施工机械小计					
总计					

注：此表项目名称、数量由招标人填写，编制招标控制价时，单价由招标人按有关计价规定确定；投标时，单价由投标人自主报价，计入投标总价。

表 2-21 总承包服务费计价表

工程名称： 标段： 第 页共 页

序号	项目名称	项目价值（元）	服务内容	费率（%）	金额（元）
1	发包人发包专业工程				
2	发包人供应材料				
	合 计				

表 2－22　索赔与现场签证计价汇总表

工程名称：　　　　　　　　标段：　　　　　　　　　　　第　页共　页

序号	签证及索赔项目名称	计量单位	数量	单价（元）	合价（元）	索赔及签证依据
—	本页小计	—	—	—		—
—	合计	—	—	—		—

注：签证及索赔依据是指经双方认可的签证单和索赔依据的编号。

表 2-23 费用索赔申请(核准)表

工程名称： 标段： 编号：

致：_____（发包人全称）

　　根据施工合同条款_____条的约定，由于_____原因，我方要求索赔金额（大写）
_____（小写_____），请予核准。

附：1.费用索赔的详细理由和依据

　　2.索赔金额的计算

　　3.证明材料

承包人（章）

承包人代表_____

日　　期_____

复核意见： 　　根据施工合同条款_____条的约定，你方提出的费用索赔申请经复核： 　　□不同意此项索赔，具体意见见附件。 　　□同意此项索赔，索赔金额的计算，由造价工程师复核。 <div align="right">监理工程师_____ 日期_____</div>	复核意见： 　　根据施工合同条款_____条的约定，你方提出的费用索赔申请经复核，索赔金额为（大写）_____（小写_____）。 <div align="right">造价工程师_____ 日期_____</div>

审核意见：

　　□不同意此项索赔。

　　□同意此项索赔，与本期进度款同期支付。

发包人（章）

发包人代表_____

日　　期_____

注：1.在选择栏中的"□"内作标识"√"。

　　2.本表一式四份，由承包人填报，发包人、监理人、造价咨询人、承包人各存一份。

表 2-24 现场签证表

工程名称： 标段： 编号：

施工部位		日期	

致：＿＿＿＿＿＿＿＿＿＿＿＿＿＿＿＿（发包人全称）＿＿＿＿＿＿＿＿＿＿＿

根据＿＿＿＿＿＿（指令人姓名） 年 月 日的口头指令或你方＿＿＿＿＿＿＿（或监理人） 年 月 日的书面通知，我方要求完成此项工作应支付价款金额为（大写）＿＿＿＿＿＿＿＿＿＿＿（小写＿＿＿＿＿＿＿），请予核准。

附：1. 签证事由及原因

2. 附图及计算式

承包人（章）

承包人代表＿＿＿＿＿＿＿

日期＿＿＿＿＿＿＿

复核意见：

你方提出的此项签证申请经复核：

□不同意此项签证，具体意见见附件。

□同意此项签证，签证金额的计算，由造价工程师复核

监理工程师＿＿＿＿＿＿＿

日期＿＿＿＿＿＿＿

复核意见：

□此项签证按承包人中标的计日工单价计算，金额为（大写）＿＿＿＿＿＿＿＿＿元（小写＿＿＿＿＿＿＿元）。

□此项签证因无计日工单价，金额为（大写＿＿＿＿＿＿＿＿＿元）（小写＿＿＿＿＿＿＿）。

造价工程师＿＿＿＿＿＿＿

日 期＿＿＿＿＿＿＿

审核意见：

□不同意此项签证。

□同意此项签证，价款与本期进度款同期支付。

发包人（章）

发包人代表＿＿＿＿＿＿＿

日 期＿＿＿＿＿＿＿

注：1. 在选择栏中的"□"内作标识"√"。

2. 本表一式四份，由承包人在收到发包人（监理人）的口头或书面通知后填写，发包人、监理人、造价咨询人、承包人各存一份。

表 2-25 规费、税金项目清单与计价表

工程名称： 标段： 第 页共 页

序号	项目名称	计算基础	费率(%)	金额(元)
1	规费			
1.1	工程排污费			
1.2	社会保障费			
(1)	养老保险费			
(2)	失业保险费			
(3)	医疗保险费			
1.3	住房公积金			
1.4	工伤保险			
2	税金	分部分项工程费＋措施项目费＋其他项目费＋规费		

注：根据建设部、财政部发布的《建筑安装工程费用组成》（建标〔2003〕206 号）的规定，"计算基础"可为"直接费"、"人工费"或"人工费＋机械费"。

表 2 – 26   工程款支付申请(核准)表

工程名称：   标段：   编号：

致：＿＿＿＿＿＿＿＿＿＿＿＿＿＿＿＿＿＿＿＿＿＿＿＿＿＿＿＿＿＿（发包人全称）

我方于＿＿＿＿＿＿至＿＿＿＿＿＿期间已完成了＿＿＿＿＿＿工作,根据施工合同的约定,现申请支付本期的工程款额为(大写)＿＿＿＿＿＿＿＿＿(小写＿＿＿＿),请予核准。

序号	名　称	金额(元)	备　注
1	累计完成的工程价款		
2	累计已实际支付的工程价款		
3	本周期已完成的工程价款		
4	本周期完成的计日工金额		
5	本周期应增加和扣减的变更金额		
6	本周期应增加和扣减的索赔金额		
7	本周期应抵扣的预付款		
8	本周期应扣减的质保金		
9	本周期应增加或扣减的其他金额		
10	本周期实际应支付的工程价款		

承包人(章)

承包人代表＿＿＿＿＿＿

日　期＿＿＿＿＿＿

复核意见：

□与实际施工情况不相符,修改意见见附件；

□与实际施工情况相符,具体金额由造价工程师复核。

监理工程师＿＿＿＿＿＿

日期＿＿＿＿＿＿

复核意见：

你方提出的支付申请经复核,本期间已完成工程款额为(大写)＿＿＿＿＿＿＿＿＿＿(小写＿＿＿＿＿),本期间应支付金额为(大写)＿＿＿＿＿＿＿＿＿(小写＿＿＿＿)。

造价工程师＿＿＿＿＿＿

日　期＿＿＿＿＿＿

审核意见：

□不同意。

□同意,支付时间为本表签发后的 15 天内。

发包人(章)

发包人代表＿＿＿＿＿＿

日　期＿＿＿＿＿＿

注：1.在选择栏中的"□"内作标识"√"。

2.本表一式四份,由承包人填报,发包人、监理人、造价咨询人、承包人各存一份。

2. 计价表格使用规定

(1)工程量清单与计价宜采用统一格式。各省、自治区、直辖市建设行政主管部门和行业建设主管部门可根据本地区、本行业的实际情况,在《计价规范》计价表格的基础上补充完善。

(2)工程量清单的编制应符合下列规定:

①工程量清单编制使用表格包括:表 2-1、表 2-5、表 2-12、表 2-14、表 2-15、表 2-16、表 2-17、表 2-18、表 2-19、表 2-20、表 2-21、表 2-25。

②封面应按规定的内容填写、签字、盖章,造价员编制的工程量清单应有负责审核的造价工程师签字、盖章。

③总说明应按下列内容填写。

a. 工程概况:建设规模、工程特征、计划工期、施工现场实际情况、自然地理条件、环境保护要求等。

b. 工程招标和分包范围。

c. 工程量清单编制依据。

d. 工程质量、材料、施工等的特殊要求。

e. 其他需要说明的问题。

(3)招标控制价、投标报价、竣工结算的编制应符合下列规定:

①使用表格。

a. 招标控制价使用表格包括:表 2-2、表 2-5、表 2-6、表 2-7、表 2-8、表 2-12、表 2-13、表 2-14、表 2-15、表 2-16、表 2-17、表 2-18、表 2-19、表 2-20、表 2-21、表 2-25。

b. 投标报价使用的表格包括:表 2-3、表 2-5、表 2-6、表 2-7、表 2-8、表 2-12、表 2-13、表 2-14、表 2-15、表 2-16、表 2-17、表 2-18、表 2-19、表 2-20、表 2-21、表 2-25。

c. 竣工结算使用的表格包括:表 2-8、表 2-5、表 2-9、表 2-10、表 2-11、表 2-12、表 2-13、表 2-14、表 2-15、表 2-16 至表 2-24、表 2-25、表 2-26。

②封面应按规定的内容填写、签字、盖章,除承包人自行编制的投标报价和竣工结算外,受委托编制的招标控制价、投标报价、竣工结算若为造价员编制的应有负责审核的造价工程师签字、盖章以及工程造价咨询人盖章。

③总说明应按下列内容填写。

a. 工程概况:建设规模、工程特征、计划工期、合同工期、实际工期、施工现场及变化情况、施工组织设计的特点、自然地理条件、环境保护要求等。

b. 编制依据等。

(4)投标人应按招标文件的要求,附工程量清单综合单价分析表。

 **思考与练习**

1.《建设工程工程量清单计价规范》(GB 50500—2013)何日由什么部门发布?何日实施?

2. 编制《建设工程工程量清单计价规范》(GB 50500—2013)有什么意义?该规范由哪些内容组成?适用于哪些范围?

第3章
建筑工程计价规则

3.1 建筑工程费用组成与建筑工程类别的划分标准

3.1.1 建筑工程费用组成

1. 定额计价模式(传统计价模式)的建筑工程费用组成

定额计价模式的工程费用由直接费、间接费、利润、税金四部分组成。如图 3-1 所示。

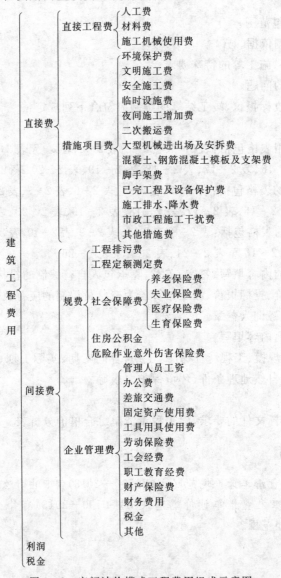

图 3-1 定额计价模式工程费用组成示意图

2. 工程量清单计价模式的(新型的)建筑工程费用组成

工程量清单计价模式的建筑工程费用由分部分项工程费、措施项目费、其他项目费、规费和税金五部分组成。如图3-2所示。

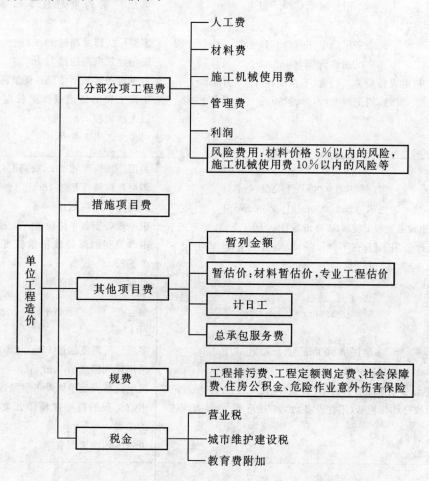

图3-2 工程量清单计价模式工程费用组成示意图

3.1.2 建筑工程类别的划分标准

建筑工程需要根据规模的不同划分类别,不同类别的建筑工程应按照省(自治区)工程造价管理部门的取费标准及规定的计价程序进行计价。

建筑工程包括一般工业与民用建筑工程、管道与机电设备安装工程、市政工程等,均应按照各自建设规模的不同,依次划分为一类工程、二类工程、三类工程、四类工程,其划分标准见表3-1。

表 3-1　建筑工程类别的划分标准表

类别	划 分 标 准	说　　明
一类	单层厂房 15000m² 以上 多层厂房 20000m² 以上 民用建筑 25000m² 以上 机电设备安装工程费(不含设备)1500 万元以上 市政公用工程费(不含设备)3000 万元以上	单层厂房跨度超过 30m 或高度超过 18m 多层厂房跨度超过 24m 以上 民用建筑檐高超过 100m 机电设备安装单体设备重量超过 80t 市政工程的隧道或桥梁长度超过 80m 以上的工程 可参考二类工程费率
二类	单层厂房 10000m² 上,15000m² 下 多层厂房 15000m² 上,20000m² 下 民用建筑 18000m² 上,25000m² 下 机电设备安装工程费(不含设备)1000 万元上,1500 万元下 市政公用工程费(不含设备)2000 万元上,3000 万元下	单层厂房跨度超 24m 或高度超过 15m 多层厂房跨度超过 18m 民用建筑檐高超过 80m 机电设备安装单体设备重量超过 50t 市政工程的隧道或桥梁长度超过 50m 的工程 可参考三类工程费率
三类	单层厂房 5000m² 上,10000m² 下 多层厂房 8000m² 上,15000m² 下 民用建筑 10000m² 上,18000m² 下 机电设备安装工程费(不含设备)500 万元上,1500 万元下 市政公用工程费(不含设备)1000 万元上,2000 万元下	单层厂房跨度超过 18m 或高度超过 10m 多层厂房跨度超过 15m 民用建筑檐高超 50m 机电设备安装单体设备重量超过 30t 市政工程的隧道或桥梁长度超过 30m 的工程 可参考四类工程费率
四类	单层厂房 5000m² 以下 多层厂房 8000m² 以下 民用建筑 10000m² 以下 机电设备安装工程费(不含设备)500 万元以下 市政公用工程费(不含设备)1000 万元以下	—

3.2　定额计价模式和工程量清单计价模式的建筑工程计价规则

3.2.1　定额计价模式下的建筑工程计价规则

现以××省建筑安装工程为例,定额计价模式(工料单价法)下的计价规则见表 3-2。

表3-2 ××省建筑安装定额计价模式(工料单价法)下的计价规则表

序号	费用项目		计算方法	
			以直接工程费为计费基础的工程	以人工费为计费基础的工程
1	直	直接工程费	$\sum$(定额基价×工程量)+构件增值税	$\sum$(定额基价×工程量)
2		其中:人工费	$\sum$(人工单价×工日耗用量)	$\sum$(人工单价×工日耗用量)
3		材料费	$\sum$(材料价格×材料耗用量)	$\sum$(材料价格×材料耗用量)
4	接	机械费	$\sum$(机械台班单价×机械台班耗用量)	$\sum$(机械台班单价×机械台班耗用量)
5		构件增值税	构件制作费×税率	
6		施工技术措施费	$\sum$(定额基价×工程量)	$\sum$(定额基价×工程量)
7	接	其中:人工费	—	$\sum$(人工单价×工日耗用量)
8		施工组织措施费	$\sum$(1+6)×费率	$\sum$(2+7)×费率
9	费	其中:人工费	—	8×人工系数
10	价格调整	价差	用量×(市场价格-定额取定价格)	
11		人工费调整	按规定计算	
12		机械费调整	按规定计算	
13	间接费	施工管理费	(1+6+8)×费率	(2+7+9)×费率
14		规费	(1+6+8)×费率	(2+7+9)×费率
15	利润		(1+6+8+10+11+12)×费率	[(2+7+9)×费率]/[(1+6+8+10+11+12)×费率]
16	不含税工程造价		1+6+8+10+11+12+13+14+15	1+6+8+10+11+12+13+14+15
17	税金		16×税率	16×税率
18	含税工程造价		16+17	16+17

3.2.2 工程量清单计价模式(综合单价法)下的建筑安装工程费用计价规则

以××省建筑安装工程为例,综合单价法下的建筑安装工程费用的计价规则见表3-2~表3-7。

表3-3 ××省建筑安装工程分部分项工程综合单价计算规则表

序号	费用项目	计算方法	
		以直接工程费为计费基础的工程	以人工费为计费基础的工程
1	分部分项工程直接工程费	$\sum$(人工费+材料费+机械费+构件增值税)	
2	其中:人工费	$\sum$(人工单价×工日耗用量)	$\sum$(人工单价×工日耗用量)
3	材料费	$\sum$(材料单价×材料耗用量)	$\sum$(材料单价×材料耗用量)
4	机械费	$\sum$(机械台班单价×机械台班耗用量)	$\sum$(机械台班单价×机械台班耗用量)
5	构件增值税	构件制作费×税率	—

续表 3－3

序号	费用项目	计算方法	
		以直接工程费为计费基础的工程	以人工费为计费基础的工程
6	施工管理费	1×费率	2×费率
7	利润	1×费率	(2×费率)/(1×费率)
8	风险因素	自行考虑	自行考虑
9	综合单价	1＋6＋7＋8	1＋6＋7＋8

表 3－4　××省建筑安装工程施工技术措施费计算规则表

序号	费用项目	计算方法	
		以直接工程费为计费基础的工程	以人工费为计费基础的工程
1	施工技术措施项目直接工程费	施工技术措施项目直接工程费	
2	其中:人工费	—	施工技术措施项目直接工程费中的人工费
3	施工管理费	1×费率	2×费率
4	利　润	1×费率	(2×费率)/(1×费率)
5	施工技术措施项目费	1＋3＋4	1＋3＋4

表 3－5　××省建筑安装工程施工组织措施项目费计算规则表

序号	费用项目	计算方法	
		以直接工程费为计费基础的工程	以人工费为计费基础的工程
1	分部分项工程量清单计价合计	$\sum$(综合单价×清单工程量)	$\sum$(综合单价×清单工程量)
2	其中:人工费	—	$\sum$(人工单价×工日耗用量)
3	施工技术措施项目清单计价合计	$\sum$施工技术措施项目费	$\sum$施工技术措施项目费
4	其中:人工费	—	$\sum$(人工单价×工日耗用量)
5	施工组织措施项目直接工程费	—	(2＋4)×费率
6	其中:人工费	—	5×人工系数
7	施工管理费	—	6×费率
8	利　润	—	[6×费率]/[(1＋3)×费率]
9	施工组织措施项目费	(1＋3)×费率	5＋7＋8

表3-6　××省建筑安装工程其他项目费计算规则表

序号	费用项目	计算方法	
		以直接工程费为计费基础的工程	以人工费为计费基础的工程
1	人工综合单价	人工单价×(1+施工管理费费率+利润率)	
2	人工费合价	∑(人工综合单价×数量)	
3	材料综合单价	材料单价×(1+施工管理费费率+利润率)	材料单价/[材料单价×(1+利润率)]
4	材料费合价	∑(材料综合单价×数量)	∑(材料综合单价×数量)
5	机械综合单价	机械台班单价×(1+施工管理费费率+利润率)	机械台班单价/机械台班单价×(1+利润率)
6	机械费合价	∑(机械综合单价×数量	∑(机械综合单价×数量
7	零星工作项目费	2+4+6	2+4+6

表3-7　××省建筑安装工程单位工程造价计算规则表

序号	费用项目	计算方法	
		以直接工程费为计费基础的工程	以人工费为计费基础的工程
1	分部分项工程量清单计价合计	∑(定额单价×清单工程量)	∑(综合单价×清单工程量)
2	其中:人工费	—	∑(人工单价×工日耗用量)
3	施工技术措施项目清单计价合计	∑施工技术措施项目费	∑施工技术措施项目费
4	其中:人工费	—	∑(人工单价×工日耗用量)
5	施工组织措施项目清单计价合计	∑施工组织措施项目费	∑施工组织措施项目费
6	其中:人工费	—	∑(施工组织措施项目费×人工系数)
7	其他项目清单计价合计	∑其他项目费	∑其他项目费
8	其中:人工费	—	∑其他项目费中的人工费
9	规费	(1+3+5+7)×费率	(2+4+6+8)×费率
10	税金	(1+3+5+7+9)×费率	(1+3+5+7+9)×费率
11	单位工程造价	1+3+5+7+9+10	1+3+5+7+9+10

3.2.3　建筑安装工程单位工程造价计算规则应用举例

1.定额计价模式下的计价举例

【例3-1】某桩基工程打入钢筋混凝土管桩共1000m³,桩长在40m以内。试计算桩基工程定额直接费。

解:桩基工程 $V=1000(m^3)$

套用陕西定额2-8,打入钢筋混凝土管桩,桩长在40m以内。

定额基价=2546.00(元/10m³)

定额直接费=2546.00元/10m³×1000m³=254600.00元

2. 工程量清单计价模式下的计价举例

【例3-2】 某工程的工程量如表3-8至表3-13所示,试计算该工程的投标价。

表3-8　建筑工程分部分项工程量清单与计价表

工程名称:某宿舍1号楼

序号	项目编码	项目名称	项目特征描述	计量单位	工程量	金　额(元)	
						综合单价	合　价
1	010101003001	土石方工程	挖带形基础,二类土,槽宽0.60m,深0.80米,弃土运距200.00m	m³	400.00	32.00	12800.00
2	010101003002	土石方工程	挖带形基础,二类土,槽宽1.00米,深2.10米,弃土运距200.00m	m³	600.00	71.50	42900.00
3			略				
			本页小计				55700.00
			合　　计				

表3-9　建筑工程措施项目清单与计价表(一)

工程名称:某宿舍1号楼

序号	项目名称	计算基础	费率(%)	金额(元)
1	安全文明施工费	直接费		42000.00
2	大型机械设备进出场及安拆费	直接费		3800.00
3	施工排水	直接费		4000.00
	合　　计			49800.00

注:本表适用于以"项"计价的措施项目。

表3-10　建筑工程措施项目清单与计价表(二)

工程名称:某宿舍1号楼

序号	项目编码	项目名称	项目特征描述	计量单位	工程量	金额(元)	
						综合单价	合　价
1		垂直运输机械		100m²	2500.00	40	100000.00
			本页小计				100000.00

注:本表适用于以综合单价形式计价的措施项目。

表 3-11 建筑工程其他项目清单与计价汇总

工程名称:某宿舍1号楼工程

序号	项 目 名 称	计量单位	金额(元)	备注
1	暂列金额	项	20000.00	
2	暂估价	项	100000.00	
2.1	材料暂估价		—	
2.2	专业工程暂估价	项	100000.00	
3	计日工	工日	8250.00	
4	总承包服务费			
	合　　计		128250.00	—

注:材料暂估单价进入清单项目综合单价,此处不汇总。

表 3-12 建筑工程规费、税金项目清单与计价

工程名称:某宿舍1号楼

序号	项 目 名 称	计 算 基 础	费率(%)	金额(元)
1	规费	直接费	0.1%	90000.00
1.1	工程排污费			
1.2	社会保障费			
(1)	养老保险费			
(2)	失业保险费			
(3)	医疗保险费			
1.3	住房公积金			
1.4	危险作业意外伤害保险			
1.5	工程定额测定费			
2	税金	分部分项工程费+措施项目费+其他项目费+规费	3.41%	20000.00

表 3-13 建筑工程投标报价汇总

工程名称:某宿舍楼工程

序号	汇总内容	金　　额(元)	其中:暂估价(元)
1	分部分项工程	218460.26	
2	措施项目	149800.00	—
2.1	安全文明施工费	42000.00	—
3	其他项目	128250.00	
3.1	暂列金额	20000.00	—

续表 3-13

序号	汇总内容	金 额(元)	其中:暂估价(元)
3.2	专业工程暂估价	100000.00	—
3.3	计日工	8250.00	—
3.4	总承包服务费		—
4	规费	90000.00	—
5	税金	20000.00	—
	投标报价合计=1+2+3+4+5	606510.26	—

3. 工程量清单计价模式与定额计价模式的区别

(1)编制工程量的单位不同。定额计价方式是工程量分别由招标单位和投标单位按图纸计算;工程量清单计价方式是工程量由招标单位统一计算或委托具有相应资质的中介机构进行编制。

(2)编制工程量清单的时间不同。定额计价方式是在发出招标文件后编制的;工程量清单计价方式必须在发出招标文件前编制。

(3)表现形式不同。采用定额计价方式一般是总价形式;工程量清单计价方式采用综合单价形式,且单价相对固定,工程量发生变化时单价一般不作调整。

(4)编制的依据不同。定额计价方式依据图纸,其中人工、材料、机械台班消耗量依据建设行政主管部门颁发的预算定额,人工、材料、机械台班单价依据工程造价管理部门发布的价格信息进行计算。工程量清单计价方式,标底的报价根据招标文件中的工程量清单和有关要求、施工现场情况、合理的施工方法,或按建设行政主管部门制定的有关工程造价计价办法编制;企业的投标报价则根据企业定额和市场价格信息,或参照建设行政主管部门发布的社会平均消耗量定额编制。

(5)费用的组成不同。定额计价方式的工程造价由直接费、间接费、利润、税金组成。工程量清单计价方式的工程造价包括分部分项工程费、措施项目费、其他项目费、规费、税金。

(6)项目的编码不同。定额计价方式采用预算定额项目编码,全国各省市采用不同的定额子目。工程量清单计价方式采用工程量清单计价,全国实行统一编码,项目编码采用 12 位阿拉伯数字表示。1~9 位为统一编码,10~12 位为清单项目名称顺序码,前 9 位不能变动,后 3 位码由清单编制人根据设置的清单项目编制。

(7)分部分项工程所包含的内容不同。定额计价方式的预算定额,其项目一般是按施工工序进行设置的,包括的工程内容一般是单一的,据此规定了相应的工程量计算规则。工程量清单项目的划分,一般是以一个"综合实体"考虑的,一般包括多项工程内容,据此规定了相应的工程量计算规则。两者的工程量计算规则也是有区别的。

(8)评标采用的办法不同。定额计价方式的招标一般采用百分制评分法;而工程量清单招标,一般采用合理低报价中标法,既要对总价进行评分,还要对综合单价进行分析评分。

(9)合同价调整方式不同。定额计价方式合同价调整方式有变更签证、定额解释、政策性调整;工程量清单计价方式的合同价调整方式主要是索赔。

思考与练习

1. 定额计价模式的建筑工程费用由哪几部分组成？
2. 工程量清单计价模式的建筑工程费用由哪几部分组成？
3. 建筑工程造价中计取的税金包括哪些内容？
4. 建筑工程在计算工程造价时主要采取哪几种取费方法？
5. 工程量清单计价模式与定额计价模式的区别有哪些？

第4章

建筑面积计算

4.1　建筑面积的概念

建筑面积亦称"建筑展开面积",是建筑物外墙勒脚以上各层结构外围水平面积即各层面积的总和。建筑面积包括有效面积和结构面积两部分。

1. 有效面积

有效面积是指使用面积与辅助面积之和。

(1)使用面积是指建筑物各层平面中直接为生产或生活使用的净面积之和。例如:住宅建筑中的卧室、客厅等。

(2)辅助面积是指建筑物各层平面中为辅助生产或辅助生活所占净面积之和。例如:住宅建筑中的楼梯、走道等。

2. 结构面积

结构面积是指建筑物各层平面中的墙、柱等结构所占面积之和。

4.2　建筑面积的计算规则

建筑面积的计算按国家标准《建筑工程建筑面积计算规范》(GB/T 50353—2013)执行。

4.2.1　术语

(1)层高:上下两层楼面或楼面与地面之间的垂直距离。

(2)自然层:按楼板、地板结构分层的楼层。

(3)架空层:建筑物深基础或坡地建筑吊脚架空部位不回填土石方形成的建筑空间。

(4)走廊:建筑物的水平交通空间。

(5)挑廊:挑出建筑物外墙的水平交通空间。

(6)檐廊:设置在建筑物底层出檐下的水平交通空间。

(7)回廊:在建筑物门厅、大厅内设置在二层或二层以上的回形走廊。

(8)门斗:在建筑物出入口设置的起分隔、挡风、御寒等作用的建筑过渡空间。

(9)建筑物通道:为道路穿过建筑物而设置的建筑空间。

(10)架空走廊:建筑物与建筑物之间,在二层或二层以上专门为水平交通设置的走廊。

(11)勒脚:建筑物的外墙与室外地面或散水接触部位墙体的加厚部分。

(12)围护结构:围合建筑空间四周的墙体、门、窗等。

(13)围护性幕墙:直接作为外墙起围护作用的幕墙。

(14)装饰性幕墙:设置在建筑物墙体外起装饰作用的幕墙。

(15)落地橱窗:突出外墙面根基落地的橱窗。

(16)阳台:供使用者进行活动和晾晒衣物的建筑空间。

(17)眺望间:设置在建筑物顶层或挑出房间的供人们远眺或观察周围情况的建筑空间。

(18)雨篷:设置在建筑物进出口上部的遮雨、遮阳篷。

(19)地下室:房间地平面低于室外地平面的高度超过该房间净高的1/2者为地下室。

(20)半地下室:房间地平面低于室外地平面的高度超过该房间净高的1/3,且不超过1/2者为半地下室。

(21)变形缝:伸缩缝(温度缝)、沉降缝和抗震缝的总称。

(22)永久性顶盖:经规划批准设计的永久使用的顶盖。

(23)飘窗:为房间采光和美化造型而设置的突出外墙的窗。

(24)骑楼:楼层部分跨在人行道上的临街楼房。

(25)过街楼:有道路穿过建筑空间的楼房。

4.2.2 计算建筑面积的规则及范围

1.单层建筑物的建筑面积计算规则

(1)单层建筑物的建筑面积应按其外墙勒脚以上结构外围水平面积计算。如图4-1所示,其计算公式为

$$S=L\times B \tag{4.1}$$

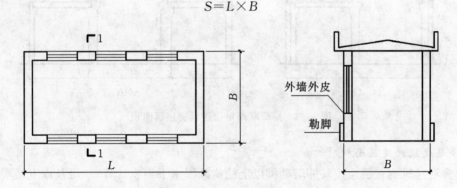

图4-1 单层建筑物的建筑面积

式中:S——单层建筑物的建筑面积(m^2);

L——两端山墙勒脚以上外表面间水平长度(m);

B——两纵墙勒脚以上外表面间水平长度(m)。

单层建筑物的建筑面积计算还应符合下列规定:

①单层建筑物高度在2.20m及以上者应计算全面积;高度不足2.20m者应计算1/2面积。

②利用坡屋顶内空间时净高超过2.10m的部位应计算全面积;净高在1.20m至2.10m的部位应计算1/2面积;净高不足1.20m的部位不应计算面积。

(2)单层建筑物内设有局部楼层者,局部楼层的二层及以上楼层,有围护结构的应按其围护结构外围水平面积计算;无围护结构的应按其结构底板水平面积计算(见图4-2)。层高在2.20m及以上者应计算全面积;层高不足2.20m者应计算1/2面积。

带有局部楼层者(不包括底层在内)的各局部楼层建筑面积计算公式为

$$S=L\times B+\sum l\times b \qquad (m^2) \tag{4.2}$$

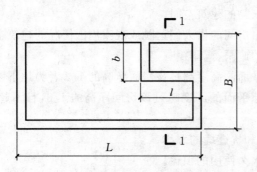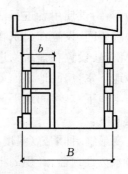

图 4-2 设有局部楼层的单层建筑物建筑面积

(3)高低联跨的建筑物,应以高跨结构外边线为界分别计算建筑面积;当高低跨内部连通时,其变形缝应计算在低跨面积内。如图 4-3 所示。

$$S_1(\text{高跨面积})=b_1(\text{边柱外墙至中柱外边宽})\times L_1(\text{建筑物长}) \tag{4.3}$$

$$S_4(\text{高跨面积})=b_4(\text{中间跨的两根柱外边宽})\times L_4(\text{建筑物长}) \tag{4.4}$$

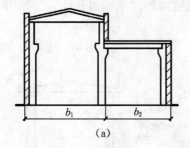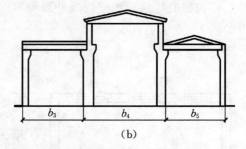

图 4-3 高低联跨单层建筑物建筑面积

2.多层建筑物建筑面积

(1)多层建筑物首层应按其外墙勒脚以上结构外围水平面积计算;二层及以上楼层应按其外墙结构外围水平面积计算。层高在 2.20m 及以上者应计算全面积;层高不足 2.20m 者应计算 1/2 面积。

其计算公式如下:

$$S_{\text{总}}=\sum S_i \tag{4.5}$$

式中:$S_{\text{总}}$——多层建筑物建筑面积之和(m^2);

S_i——多层建筑物的第 i 层建筑面积,$i=1\sim n$,n 为建筑物的层数。

同一建筑物如结构类型不同时,应分别计算建筑面积。

(2)多层建筑坡屋顶内和场馆看台下,当设计并加以利用时净高超过 2.10m 的部位应计算全面积;净高在 1.20m 至 2.10m 的部位应计算 1/2 面积;当设计不利用或室内净高不足 1.20m 时不应计算面积。

3.地下室、半地下室的建筑面积

地下室、半地下室(车间、商店、车站、车库、仓库等),包括相应的有永久性顶盖的出入口,应按其外墙上口(不包括采光井、外墙防潮层及其保护墙)外边线所围水平面积计算。层高在 2.20m 及以上者应计算全面积;层高不足 2.20m 者应计算 1/2 面积。地下室的建筑面积如图

4-4 所示。

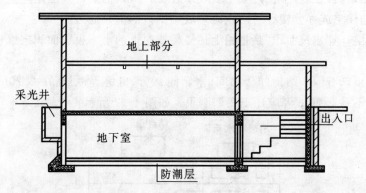

图 4-4 地下室的建筑面积

4. 坡地的建筑物吊脚架空层、深基础架空层的建筑面积

(1)坡地的建筑物吊脚架空层、深基础架空层,设计加以利用并有围护结构的、层高在 2.20m 及以上的部位应计算全面积;层高不足 2.20m 的部位应计算 1/2 面积。设计加以利用无围护结构的建筑物吊脚架空层,应按其利用部位水平面积的 1/2 计算。如图 4-5、图 4-6 所示。

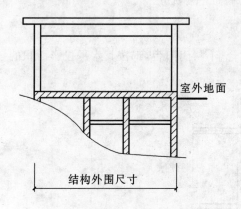

图 4-5 坡地的建筑物吊脚架空层

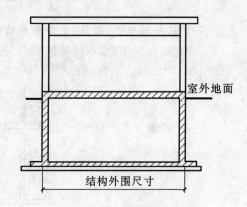

图 4-6 深基础架空层

(2)设计不利用的深基础架空层、坡地吊脚架空层、多层建筑坡屋顶内、场馆看台下的空间不计算建筑面积。

5. 建筑物门厅、大厅、回廊的建筑面积

建筑物的门厅、大厅按一层计算建筑面积。门厅、大厅内设有回廊时,应按其结构底板水平面积计算。层高在 2.20m 及以上者应计算全面积;层高不足 2.20m 者应计算 1/2 面积。

6. 室内楼梯间、各种井道的建筑面积

(1)建筑物内的室内楼梯间、电梯井、观光电梯井、提物井、管道井、通风排气竖井、垃圾道、附墙烟囱应按建筑物的自然层计算建筑面积。

注明:

①提物井是图书馆或饭店用于提升书籍或食物等物的垂直通道。

②管道井是指宾馆或写字楼内集中安装采暖、给排水、消防等管道用垂直通道。

③垃圾道是住宅或办公楼等每层设有垃圾倾倒口的垂直通道。

④"按自然层计算建筑面积"是指用上述楼梯或通道的水平投影面积乘以楼层数后得出的建筑面积。

（2）建筑物顶部有围护结构的楼梯间、水箱间、电梯机房等，层高在 2.20m 及以上者应计算全面积；层高不足 2.20m 者应计 1/2 算面积。如图 4-7 所示。

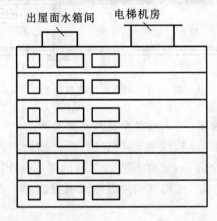

图 4-7　有围护结构的出屋面水箱间、电梯机房

7.建筑物的阳台、雨篷、室外楼梯的建筑面积

（1）建筑物的阳台，不论是凹阳台、挑阳台、封闭阳台、不封闭阳台，都按其水平投影面积的 1/2 计算。如图 4-8 所示。

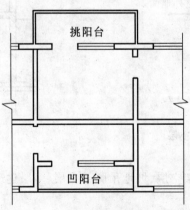

图 4-8　挑阳台、凹阳台示意图

（2）有永久性顶盖的室外楼梯，应按建筑物自然层的水平投影面积的 1/2 计算。

注明：室外楼梯，最上层楼梯无永久性顶盖或有不能完全遮盖楼梯的雨篷，上层楼梯不计算面积。上层楼梯可视为下层楼梯的永久性顶盖，下层楼梯应计算面积。

（3）雨篷结构的外边线至外墙结构外边线的宽度超过 2.10m 者，应按雨篷结构板的水平投影面积的 1/2 计算。

8. 建筑物外的挑廊、走廊、檐廊等的建筑面积

（1）建筑物有围护结构的架空走廊，应按其围护结构外围水平面积计算。层高在 2.20m 及以上者应计算全面积；层高不足 2.20m 者应计算 1/2 面积。有永久性顶盖无围护结构的应按其结构底板水平面积的 1/2 计算。如图 4-9 所示。

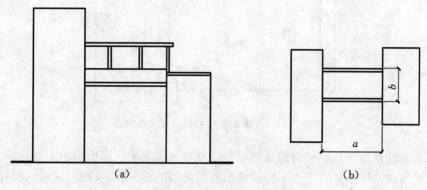

(a)　　　　　　　　　　(b)

图 4-9　建筑物架空走廊

（2）建筑物外有围护结构的落地橱窗、门斗、挑廊、走廊、檐廊，应按其围护结构外围水平面积计算。层高在 2.20m 及以上者应计算全面积；层高不足 2.20m 者应计算 1/2 面积。有永久性顶盖无围护结构的，应按其结构底板水平面积的 1/2 计算。如图 4-10、图 4-11、图 4-12 所示。

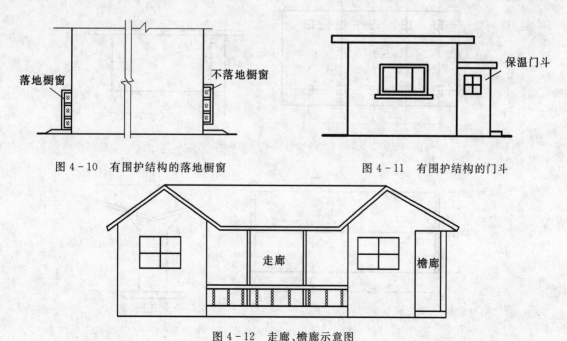

图 4-10　有围护结构的落地橱窗　　　　图 4-11　有围护结构的门斗

图 4-12　走廊、檐廊示意图

9. 其他部分的建筑面积

（1）立体书库、立体仓库和立体车库，无结构层的应按一层计算，有结构层的应按其结构层面积分别计算。层高在 2.20m 及以上者应计算全面积；层高不足 2.20m 者应计算 1/2 面积。

(2)有围护结构的舞台灯光控制室,应按其围护结构外围水平面积计算。层高在2.20m及以上者应计算全面积;层高不足2.20m者应计算1/2面积。如图4-13所示。

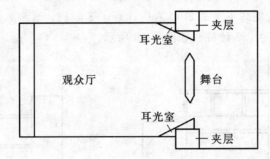

图4-13 有围护结构的舞台灯光控制室

(3)有永久性顶盖无围护结构的场馆看台应按其顶盖水平投影面积的1/2计算。

(4)设有围护结构不垂直于水平面而超出底板外沿的建筑物,应按其底板面的外围水平面积计算。层高在2.20m及以上者应计算全面积;层高不足2.20m者应计算1/2面积。

(5)有永久性顶盖无围护结构的车棚、货棚、站台、加油站、收费站等,应按其顶盖水平投影面积的1/2计算。如图4-14、图4-15所示。

注明:在车棚、货棚、站台、加油站、收费站内设有围护结构的管理室、休息室等,另行计算面积。

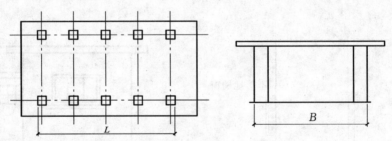

图4-14 有柱车棚示意图

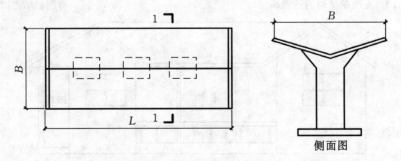

图4-15 站台、货棚示意图

(6)以幕墙作为围护结构的建筑物,应按幕墙外边线计算建筑面积。

(7)建筑物外墙外侧有保温隔热层的,应按保温隔热层外边线计算建筑面积。

(8)建筑物内的变形缝,应按其自然层合并在建筑物面积内计算。

4.2.3 不计算建筑面积的范围

（1）建筑物通道（如骑楼、过街楼的底层）。

（2）建筑物内的设备管道夹层。

（3）建筑物内分隔的单层房间，舞台及后台悬挂幕布、布景的天桥、挑台等。

（4）屋顶水箱、花架、凉棚、露台和露天游泳池。

（5）建筑物内的操作平台、上料平台、安装箱和罐体的平台。见图4-16。

（6）勒脚、附墙柱、垛、台阶、墙面抹灰、装饰面、镶贴块料面层、装饰性幕墙、空调室外机搁板（箱）、飘窗、构件、配件、宽度在2.10m及以内的雨篷以及与建筑物内不相连通的装饰性阳台、挑廊。如图4-17、图4-18所示。

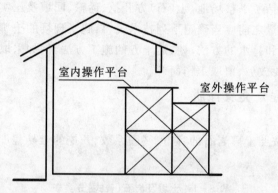

图4-16 建筑物内的操作平台

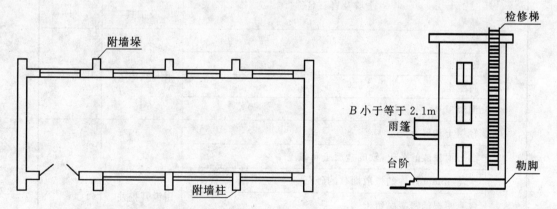

图4-17 凸出外墙的附墙柱、附墙垛　　　图4-18 凸出外墙的雨篷、台阶及检修梯

（7）无永久性顶盖的架空走廊、室外楼梯和用于检修、消防等的室外钢楼梯、爬梯。

（8）自动扶梯、自动人行道。

（9）独立烟囱、烟道、地沟、油（水）罐、气柜、水塔、贮油（水）池、贮仓、栈桥、地下人防通道、地铁隧道。

 思考与练习

1. 简述《建筑工程建筑面积计算规范》（GB/T 50353—2005）的术语概念。

2. 简述建筑面积的计算规则及范围。

3. 哪些建筑部位不应计算面积？

第5章

土石方工程

5.1 基础知识

土石方工程主要包括了平整场地,土(石)方开挖、运输、回填及压实等施工过程。

在计算土石方工程量之前应当确定下列技术资料:施工现场的土壤及岩石的类别;地下水位的标高及采取的降水和排水的方法;挖、运土方的施工方法,例如采取何种方式挖土,人工还是机械,挖土时是否需要放坡、留取工作面等。

5.1.1 土的工程分类及性质

1.土的工程分类

土方工程施工中,按照土壤岩石的容重、坚固系数、开挖的难易程度可分为16类。具体分类参照表5-1。

表5-1 土壤及岩石(普式)分类表

普式分类	土壤及岩石名称	开挖方法及工具	紧固系数(f)
I	砂 砂土壤 腐殖土 泥炭	用尖锹开挖	0.5~0.6
II	轻壤土和黄土类土 潮湿而松散的黄土,软的盐渍土和碱土 平均15mm以内的松散而软的砾石 含有草根的密实腐殖土 含有直径在30mm以内根类泥炭和腐殖土 掺有卵石、碎石和石屑的砂和腐殖土 含有卵石或碎石杂质的胶结成块的填土 含有卵石、碎石和建筑材料杂质的砂壤土	用锹开挖并少数用镐开挖	0.6~0.8

普式 分类	土壤及岩石名称	开挖方法 及工具	紧固系数 (f)
Ⅲ	肥粘土其中包括石炭侏罗纪的粘土和冰粘土 重壤土、粗砾石、粒径为 15～40mm 的碎石和卵石 干黄土和掺有碎石和卵石的自然含水量黄土 含有直径大于 30mm 根类腐殖土或泥炭 掺有碎石或卵石和建筑碎料的土壤	用尖锹并同 时用镐开挖 (30%)	0.81～1.0
Ⅳ	含碎石重粘土,其中包括侏罗纪和石炭纪的硬粘土 含有碎石、卵石、建筑碎料和重达 25kg 的顽石(总体积 10%以内)等杂质的肥粘土和重壤土冰渍粘土,含有重量在 50kg 以内的巨砾,其含量为总体积 10%以内 泥板岩 不含或含有重量达 10kg 的顽石	用尖锹并同 时用镐和撬 棍开挖 (30%)	1.0～1.5
Ⅴ	含有重量在 50kg 以内的巨砾(占体积 10%以上)的冰渍石 砂藻岩和软白垩岩 胶结力弱的砾岩 各种不坚实的片岩 石膏	部分用手凿 工具,部分用 爆破开挖	1.5～2.0
Ⅵ	凝灰岩和浮石 松软多孔和裂隙严重的石灰岩和介质石灰岩 中等硬变的片岩 中等硬变的泥灰岩	用风镐和爆 破方法开挖	2～4
Ⅶ	石灰石胶结的带有卵石和沉积岩的砾石 风化的和有大裂缝的粘土质砂岩 坚实的泥板岩 坚实的泥灰岩	用爆破方法 开挖	4～6
Ⅷ	砾质花岗岩 泥灰质石灰岩 粘土质砂岩 砂质云片石 硬石膏	用爆破方法 开挖	6～8

续表 5-1

普式分类	土壤及岩石名称	开挖方法及工具	紧固系数（f）
IX	严重风化的软弱的花岗岩、片麻岩和正长岩 滑石化的蛇纹岩 致密的石灰岩 含有卵石、沉积岩的渣质胶结和砾石 砂岩 砂质石灰质片岩 菱镁矿	用爆破方法开挖	8～10
X	白云岩 坚固的石灰岩 大理岩 石灰岩质胶结的致密砾石 坚固砂质片岩	用爆破方法开挖	10～12
XI	粗花岗岩 非常坚硬的白云岩 蛇纹岩 石灰质胶结的含有火成岩之卵石的砾石 石英胶结的坚固砂岩 粗粒正长岩	用爆破方法开挖	12～14
XII	具有风化痕迹的安山岩和玄武岩 片麻岩 非常坚硬的石灰岩 硅质胶结的含有火成岩之卵石的砾石 粗石岩	用爆破方法开挖	14～16
XIII	中粗花岗岩 坚固的片麻岩 辉绿岩 玢岩 坚固的粗石岩 中粒正长岩	用爆破方法开挖	16～18

普式分类	土壤及岩石名称	开挖方法及工具	紧固系数（f）
XIV	非常坚固的细粒花岗岩	用爆破方法开挖	18～20
	花岗岩麻岩		
	闪长岩		
	高硬度的石灰岩		
	坚固的玢岩		
XV	安山岩、玄武岩、坚固的角页岩	用爆破方法开挖	20～25
	高硬度的辉绿岩和闪长岩		
	坚固的辉长岩和石英岩		
XVI	拉长玄武岩和橄榄玄武岩	用爆破方法开挖	＞25
	特别坚固的辉长辉绿岩，石英岩和玢岩		

2. 土的可松性

（1）可松性。土体经开挖后，组织被破坏，体积增加，即使夯实也无法恢复其原来体积的性质，称为土的可松性，用可松性系数表示。

（2）可松性系数。开挖后松散状态下的体积称为虚方体积，回填后未经夯实的体积，称为松填体积。各种状态土方体积与天然状态体积之比，叫做土的可松性系数。

根据可松性系数，各种状态土的体积可按定额规定进行折算，折算系数参照表 5－2。

表 5－2　土方体积折算表

虚方体积	天然密实度体积	夯实后体积	松填体积
1.00	0.77	0.67	0.83
1.30	1.00	0.87	1.08
1.50	1.15	1.00	1.25
1.20	0.92	0.80	1.00

5.1.2　放坡与支挡土板

开挖土方时，当坑、槽过深，地质条件不好时，就需要采取放坡、支护的方式来保持边坡的稳定，避免坍塌。

（1）放坡。放坡的坡度以放坡宽度 B 与挖土深度 H 之比表示，即 $K=B/H$，式中 K 为放坡系数，如图 5－1 所示。坡度通常用 $1:K$ 表示，显然，$1:K=H:B$。

（2）支挡土板。在需要放坡的工程中，由于受到施工场地的限制或设计的需要不能放坡时，为了防止土方坍塌，就需要支挡土板。支挡土板分为密撑和疏撑。密撑是指满支挡土板；疏撑是指间隔支挡土板。如图 5－2 所示。

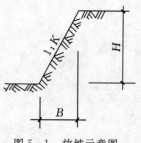

图 5－1　放坡示意图

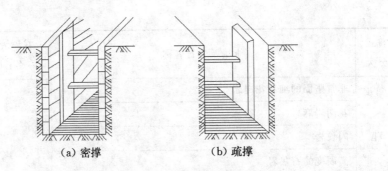

(a) 密撑   (b) 疏撑

图 5-2 支挡土板示意图

5.1.3 土石方施工机械

建筑场地和基坑开挖当面积和土方量较大时,一般采用机械化开挖方式。

1. 推土机

推土机的主要作用是单独推土、碾压,或配合挖掘机、自卸汽车进行推土。其特点是操作灵活、运转方便,既可作挖土,又可作 100m 距离内的运土。如图 5-3 所示。

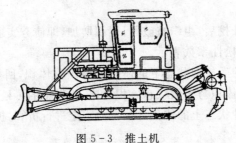

图 5-3 推土机

2. 铲运机

铲运机是一种能综合完成全部土方施工工序(挖土、装土、运土、卸土、压实和平土)的机械;按行走方式分为自行式铲运机和拖式铲运机。如图 5-4、图 5-5 所示。

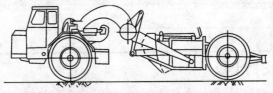

图 5-4 自行式铲运机

图 5-5 拖式铲运机

3. 单斗挖掘机

按工作装置可分为正铲、反铲、拉铲和抓铲等。

5.2　定额计量与计价

5.2.1　定额说明

(1)人工土方子目是按干土编制的,如挖湿土时,人工乘以系数 1.18;挖湿土且需排水者,每 100m³ 湿土增加 φ50 潜水泵 5 台班。干、湿土的划分,应根据地质勘探资料以地下常水位为准划分,地下常水位以上为干土,以下为湿土。

(2)人工挖土方、挖沟槽、挖地坑、挖桩孔子目综合了施工现场内 100m 土方倒运,使用时发生 100m 以上土方倒运可套用相应土方运输子目,100m 以内则不得调整换算。

(3)在有挡土板支撑下挖土方时,按实挖体积,人工乘以系数 1.43。

(4)挖桩间土方时,按实挖体积(扣除桩体积占用的体积)人工乘以系数 1.5。

(5)人工挖桩孔,孔内垂直运输方式按人工考虑。如深度超过 12m 时,16m 以内按 12m 子目人工用量乘以系数 1.3,20m 以内乘以系数 1.5 计算。

(6)人工挖土方、沟槽、地坑等,按设计要求尺寸以"m³"计算。挖土深度大于放坡起点时应计算放坡。其放坡起点和放坡系数可参照表 5-3。

表 5-3　放坡系数表

土壤类别	放坡起点 (m)	人工挖土	机械挖土	
			在坑内作业	在坑上作业
一、二类土	1.2	1:0.5	1:0.33	1:0.75
三类土	1.5	1:0.33	1:0.25	1:0.67
四类土	2	1:0.25	1:0.1	1:0.33

注:(1)计算放坡时,交接处重复工程量不予扣除。

(2)槽、坑作基础垫层时,不论是否支模,均以垫层下表面计算放坡系数,并不再考虑垫层的工作面。

(7)挖沟槽、基坑需支挡土板时,其宽度按图示沟槽、基坑底宽,单面加 10cm,双面加 20cm 计算。挡土板面积,按槽、坑垂直支撑面积计算,支挡土板后,不得再计算放坡。

(8)土方工程量按天然密实体积计算。

(9)基础施工所需工作面,按表 5-4 规定计算。

表 5-4　基础施工所需工作面宽度计算表

基础材料	每边各增加工作面宽度(mm)
砖基础	200
浆砌毛石、条石基础	150
混凝土基础支模	300
基础垂直面做防水层	800(防水面层)

5.2.2　人工土石方工程量计算规则

1.人工平整场地

(1)平整场地是指原地面和设计室外地坪平均高差 30cm 以内的原土找平;超过 30cm,按挖、填土方分别计算。

(2)平整场地的工程量按外墙外边线每边各加2m所围面积,以"m²"计算。施工现场已按竖向布置进行土方挖、填、找平的工程和大开挖工程,道路及室外沟管道不得计算场地平整。

平整场地的定额工程量可用公式表示为:

$$S_平 = S_外 + 2L_外 + 16$$

式中:$S_平$——平整场地的工程量;

$S_外$——平整场地的工程量;

$L_外$——外墙外边线长之和。

【**例5-1**】计算图5-6建筑物平整场地工程量。

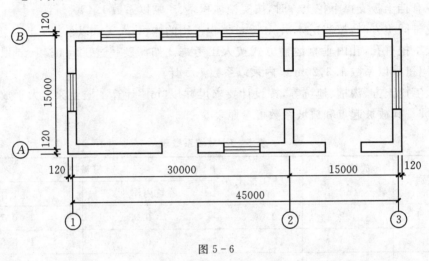

图5-6

解:$S = 15.24 \times 45.24 + (15.24 + 45.24) \times 2 \times 2 + 2 \times 2 \times 4 = 947.38 (\text{m}^2)$

2.人工挖沟槽

(1)人工挖沟槽系指沟槽底宽小于3m且沟槽长度大于槽宽三倍以上的槽(沟)土方开挖。

(2)人工挖沟槽工程量可用公式表示为:

$$V = S_断 \times L$$

说明:①$S_断$指开挖断面,见图5-7。

设:开挖深度为H,放坡系数为K,工作面宽为C,设计基础垫层宽为B。

则:开挖断面积 $= (B + 2C + KH) \times H$

②沟槽长度确定时,外墙基槽长按中心线长度,内墙基槽按图示设计基础垫层间净长。

③内外突出的垛、附墙烟囱等并入沟槽土方内计算。

④两槽交接处重叠部分因放坡产生的重复计算工程量,不予扣除,如图5-8所示。

⑤原槽浇灌或灰土垫层,即直接在槽(坑)内浇灌,不支模板。此时计算放坡和工作面均应自垫层上表面开始,如图5-9(a)所示。

由图可计算,开挖断面积 $= (B_2 + 2C + KH_2) \times H_2 + B_1 H_1$

若为混凝土垫层,则需支模板,此时放坡自垫层下表面开始,如图5-9(b)所示。

在这种情况下,开挖断面积 $= (B + 2C + KH) \times H$

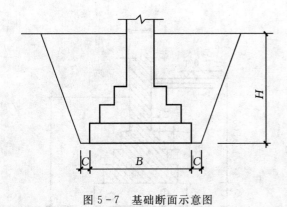

图 5-7　基础断面示意图

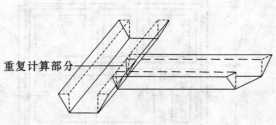

图 5-8　放坡重叠示意图

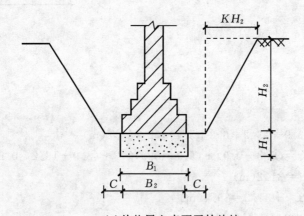

（a）从垫层上表面开始放坡

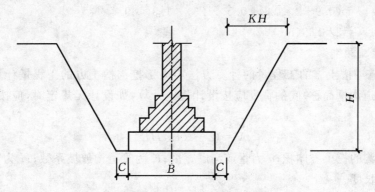

（b）从垫层下表面开始放坡

图 5-9　人工挖沟槽放坡示意图

【例 5-2】如图 5-10 所示，计算人工挖沟槽土方工程量。土质类别为二类土，垫层为 C10 混凝土。

解：①开挖深度 $H=1.3\text{m}>1.2\text{m}$，需要放坡。

②一、二类土放坡系数 $K=0.5$。

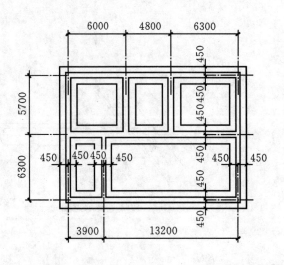
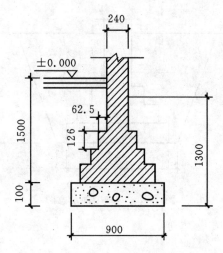

图 5 - 10

③垫层宽 0.9m。

④砖基础,工作面 $C=0.2$m。

沟槽长度计算:

①外墙中心线长=$(3.9+13.2+6.3+5.7) \times 2=58.2$(m)

②内墙基础垫层净长=$(6.3-0.9)+(5.7-0.9) \times 2+(3.9+13.2-0.9)$

$$=31.2(m)$$

合计沟槽长度 $L=58.2+31.2=89.4$(m)

挖沟槽土方量=$(B+2C+KH) \times H \times L$

$$=(0.9+2 \times 0.2+0.5 \times 1.3) \times 1.3 \times 89.4$$

$$=226.63(m^3)$$

3. 人工挖管道沟槽

人工挖管道沟槽土方的工程量的计算方法与人工挖沟槽土方的工程量计算方法基本相同。管道沟(管道沟槽简称)底的宽度应按设计规定计算,如设计无规定时,应按表5-5规定计算。

$$V=(a+KH)HL$$

式中:V 为管道沟的挖土方体积;a 为管道沟底宽度;K 为管道沟放坡系数;H 为管道沟挖土深度;L 为管道沟长度。

表 5 - 5   管道沟底宽度尺寸表

管径(mm)	铸铁管、钢管、石棉水泥管(m)	混凝土管、钢筋混凝土管、预应力钢筋混凝土管(m)	陶土管(m)
50~75	0.6	0.8	0.7
100~200	0.7	0.9	0.8
250~350	0.8	1	0.9
400~450	1	1.3	1.1

管径(mm)	铸铁管、钢管、石棉水泥管(m)	混凝土管、钢筋混凝土管、预应力钢筋混凝土管(m)	陶土管(m)
500～600	1.3	1.5	1.4
700～800	1.6	1.8	—
900～1000	1.8	2	—
1100～1200	2	2.3	—
1300～1400	2.2	2.6	—

4. 人工挖基坑

(1)人工挖基坑是指坑底面积在 20m² 以内的土方开挖。

(2)其工程量的计算应根据基坑的形状、是否放坡,按其体积以立方米计算。如图 5－11 所示,基坑的形状主要有以下两种形式。

①长方体:设独立基础底面尺寸为 $a\times b$,至设计室外标高深度为 H,不放坡,留工作面为 C,此时基坑为一长方体,则工程量为:

$$V=(a+2c)(b+2c)H$$

②四棱台:如设工作面为 c,坡度系数为 K,则基坑形状为一倒梯形体,此时,土方工程量为

$$V=(a+2c+KH)(b+2c+KH)H+\frac{1}{3}K^2H^3$$

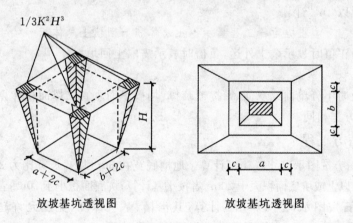

放坡基坑透视图　　　　　　放坡基坑透视图

图 5－11　基坑

【例 5－3】某工程人工挖一基坑,混凝土基础长为 1.50m,宽为 1.20m,支模板浇灌,深度为 2.20m,土质类别为三类土。计算人工挖基坑工程量。

解:根据定额计算规则,$H=2.2m>1.5m$,需放坡,放坡系数 $K=0.33$,工作面每边宽 300mm。工程量计算如下:

$V=(1.50+0.30\times2+0.33\times2.20)\times(1.20+0.30\times2+0.33\times2.20)\times2.20+1/3\times0.33^2\times2.20^3=16.09(m^3)$

5. 人工挖土方

(1)人工挖土方是指坑底面积大于 20m² 的基坑或沟槽底宽大于 3m 的坑、槽(沟)土方开挖。

(2)人工挖土方的工程量与人工挖沟槽、基坑工程量的计算方式一样,按其体积以立方米计算。

6.回填土

回填土是指在基础、垫层等工程完工后,5m以内取土回填的施工过程。在定额规则中,回填土分夯填子目和松填子目,视施工中具体回填方法来进行定额子目的套用。

(1)房心回填土=主墙间净面积×(室内外高度差-地坪厚度),不扣除垛、附墙烟囱、垃圾道及地沟等所占的体积。其中,主墙间净面积=底层建筑面积-内外墙体所占面积。

(2)基础回填土按基础沟槽挖土总体积减去地下所埋设砌体的体积以立方米计算。

(3)管道沟槽回填土等于管沟槽所挖土方的总体积减去管径大于500mm的管道所占的体积。管道所占的体积可参照表5-6。

表5-6 管道扣除土方体积表 单位:m³/m

管道名称	管道直径(mm)					
	501~600	601~800	80~1000	1001~1200	1201~1400	1401~1600
钢管	0.21	0.44	0.71			
铸铁管	0.24	0.49	0.77	1.15	1.35	1.55
混凝土管	0.33	0.60	0.92			

7.土方运输工程量

土方运输是指将开挖并回填后的多余土方运至指定地点,或在回填土不足的情况下,从取土地点回运到施工现场,即土方运输包括余土外运和取土回填两种情况。其定额工程量按运土的实际体积以"m³"计算。

$$土方运输工程量=挖土总体积-回填土总体积$$

计算结果为正值时表示余土外运,负值时表示需取土回填。

8.支木挡土板

支木挡土板时不分单面或双面、密撑或疏撑,均按单面垂直支撑面积计算。采用钢挡土板时,工程量计算方法相同。

5.2.3 石方工程

(1)人工凿石按图示尺寸以"m³"计算。地槽底宽在3m以内,长宽比为3以上者按沟槽计算;槽底宽在3m以上或坑底面积大于20m²者按平基计算;坑底面积小于20m²者按基坑计算。

(2)爆破岩石按图示尺寸以"m³"计算,其沟槽、基坑深度、宽度允许超挖量:次坚石为200mm,特坚石为150mm。超挖部分并入岩石挖方量计算。

(3)地面摊座为在爆破后的岩石表面找平,按需平整面积计算。

5.2.4 强夯工程

(1)按图示强夯面积区别夯击能量、夯击遍数以"m²"计算。

(2)低锤满拍按100t·m级3遍以内计算。

5.3 工程量清单计量与计价

5.3.1 土石方工程清单项目设置及工程量计算规则

土石方工程包括土方工程、石方工程以及土石方回填3个分部工程,其清单项目设置及工程量计算规则参照表5-7、表5-8及表5-9。

表 5-7 土方工程(编号:010101)

项目编码	项目名称	项目特征	计量单位	工程量计算规则	工作内容
010101001	平整场地	1. 土壤类别 2. 弃土运距 3. 取土运距	m²	按设计图示尺寸以建筑物首层建筑面积计算	1. 土方挖填 2. 场地找平 3. 运输
010101002	挖一般土方	1. 土壤类别 2. 挖土深度	m³	按设计图示尺寸以体积计算	1. 排地表水 2. 土方开挖 3. 围护(挡土板)、支撑 4. 基底钎探 5. 运输
010101003	挖沟槽土方			1. 房屋建筑按设计图示尺寸以基础垫层底面积乘以挖土深度计算	
010101004	挖基坑土方			2. 构筑物按最大水平投影面积乘以挖土深度(原地面平均标高至坑底高度)以体积计算	
010101005	冻土开挖	冻土厚度		按设计图示尺寸开挖面积乘厚度以体积计算	1. 爆破 2. 开挖 3. 清理 4. 运输
010101006	挖淤泥、流砂	1. 挖掘深度 2. 弃淤泥、流砂距离		按设计图示位置、界限以体积计算	1. 开挖 2. 运输
010101007	管沟土方	1. 土壤类别 2. 管外径 3. 挖沟深度 4. 回填要求	1. m 2. m³	1. 以米计量,按设计图示以管道中心线长度计算 2. 以立方米计量,按设计图示管底垫层面积乘以挖土深度计算 3. 无管底垫层按管外径的水平投影面积乘以挖土深度计算	1. 排地表水 2. 土方开挖 3. 围护(挡土板)、支撑 4. 运输 5. 回填

表 5-8 石方工程(编号:010102)

项目编码	项目名称	项目特征	计量单位	工程量计算规则	工作内容
010102001	挖一般石方	1. 岩石类别 2. 开凿深度 3. 弃碴运距	m³	按设计图示尺寸以体积计算	1. 排地表水 2. 凿石 3. 运输
010102002	挖沟槽石方			按设计图示尺寸沟槽底面积乘以挖石深度以体积计算	
010102003	挖基坑石方			按设计图示尺寸基坑底面积乘以挖石深度以体积计算	
010102004	基底摊座		m²	按设计图示尺寸以展开面积计算	
010102005	管沟石方	1. 岩石类别 2. 管外径 3. 挖沟深度	1. m 2. m³	1. 以米计量,按设计图示以管道中心线长度计算 2. 以立方米计量,按设计图示截面积乘以长度计算	1. 排地表水 2. 凿石 3. 回填 4. 运输

表 5 - 9　土石方回填(编号:010103)

项目编码	项目名称	项目特征	计量单位	工程量计算规则	工作内容
010103001	回填方	1.密实度要求 2.填方材料品种 3.填方粒径要求 4.填方来源、运距	m³	按设计图示尺寸以体积计算 1.场地回填:回填面积乘平均回填厚度 2.室内回填:主墙间面积乘回填厚度,不扣除间隔墙 3.基础回填:挖方体积减去自然地坪以下埋设的基础体积(包括基础垫层及其他构筑物)	1.运输 2.回填 3.压实
010103002	余方弃置	1.废弃料品种 2.运距		按挖方清单项目工程量减利用回填方体积(正数)计算	余方点装料运输至弃置点
010103003	缺方内运	1.填方材料品种 2.运距		按挖方清单项目工程量减利用回填方体积(负数)计算	取料点装料运输至缺方点

5.3.2　土石方工程计价要点分析

1.平整场地(编码为 010101001)

(1)适用于建筑场地 30cm 以内的挖、填、找平及其运输。

(2)平整场地的清单工程量应按外墙外边线所包围的建筑物首层面积计算,这一点和定额工程量计算方法不同。另外,平整场地的清单工程量和建筑物的首层建筑面积的计算也不完全一样,在计算平整场地的清单工程量的时候,地下室和半地下室的采光井应计算面积(计算建筑面积时不考虑)、落地阳台需要计算面积(计算建筑面积时只算一半)。

2.挖土方(项目编码为 010101002)

(1)适用于 30cm 以外竖向挖土或山坡切土,是指设计室外地坪以上的挖土,并包括指定范围的土方运输。

(2)工程量按设计图示尺寸以体积计算。

3.挖基础土方(项目编码为 010101003)

(1)该规则适用于建筑物、构筑物的基础基槽基坑开挖(包括人工挖孔桩)。

(2)挖基础土方清单工程量应按垫层底面积×挖土深度以立方米计算,工作面、放坡在计算工程量的时候不考虑,最后在计价的时候才计算进去。

4.土方回填(项目编码为 010103002)

(1)适用于场地回填、室内回填、基础回填,包括指定范围内的运输、场内外借土回填的开挖。

(2)土方回填的清单工程量应按实际填土的体积以立方米计算。

$$室内回填土=主墙间净面积×回填厚度$$
$$基础回填土=V_{挖}-V_{基础及垫层}(设计室外地坪以下)$$

其中,主墙间净面积是指结构厚度在 120mm 以上(不含 120mm)墙体所包围的室内净面积;$V_{挖}$是指所挖基础沟槽的体积;$V_{基础及垫层}$是指埋在沟槽中基础、垫层等结构的体积。

【例 5 - 4】计算【例 5 - 1】的清单工程量及综合单价。

解:平整场地的清单工程量按建筑物首层面积计算,故工程量为 $S=15.24×45.24=$

689.46（m²）

　　由定额工程量947.38m²，套陕西定额1-19，直接费＝267.54÷100×947.38＝2534.62（元）

　　其中：人工费＝267.54÷100×947.38＝2534.62（元）

　　管理费＝2534.62×3.58％＝90.74（元）

　　利润＝2534.62×2.88％＝73.00（元）

　　故平整场地综合单价＝（2534.62＋90.74＋73.00）÷689.46＝3.91（元/m²）

　　【例5-5】 计算【例5-2】的清单工程量及综合单价。

　　解： 挖基础土方清单工程量应按垫层宽×挖土深度×沟槽长度计算，故 $V=0.9×1.3×89.4=104.60$（m³）

　　由定额工程量226.63m³，套陕西定额1-5，直接费＝226.63×1695.96÷100＝3843.55（元）

　　其中：人工费＝226.63×1695.96÷100＝3843.55（元）

　　管理费＝3843.55×3.58％＝137.60（元）

　　利润＝3843.55×2.88％＝110.69（元）

　　故综合单价＝（3843.55＋137.60＋110.69）÷104.60＝39.12（元/m³）

 思考与练习

　　1.挖沟槽土方的工程量如何计算？

　　2.如何计算回填土的工程量？

　　3.平整场地和挖土方工程是如何划分的？

　　4.某基础结构尺寸如题图5-1，已知土壤类别为二类土，地下静止水位线-0.8m，求挖基础土方工程量。

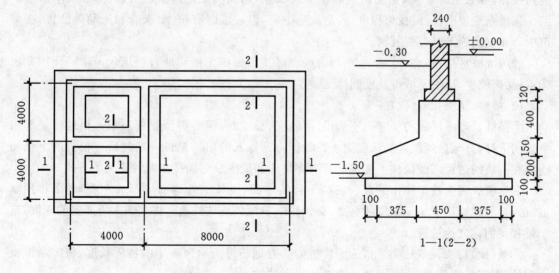

题图5-1

第6章

桩与地基基础工程

6.1 基础知识

桩基础工程适用于一般工业与民用建筑工程的桩基础,主要包括打预制钢筋混凝土桩、现场灌注桩和人工挖孔桩等项目。

6.1.1 预制钢筋混凝土桩

预制钢筋混凝土桩可分为预制混凝土方桩和预应力空心管桩。其施工过程包括预制、起吊、运输、堆放和沉桩等。

(1)桩的预制、起吊、运输与堆放。一般情况下,当桩制作完成后,需等混凝土强度达到70%后方可起吊,达到100%才能运输和沉桩。从预制厂运至施工现场堆放,一般采用平板汽车运输。

(2)沉桩。对于预制混凝土方桩,我们通常采取锤击沉桩的方式,即我们常说的打桩。而对于预应力空心管桩,我们则采用静压沉桩的方式。

锤击沉桩是利用桩锤下落时的瞬间冲击机械能,克服土体对桩的阻力,使其静力平衡状态遭到破坏,导致桩体下沉,达到新的静压平衡状态,如此反复地锤击桩头,桩身也就不断地下沉。该法施工速度快,机械化程度高,适应范围广,但施工时有挤土、噪音和振动等公害,在城市中心和夜间施工时有所限制。

静压沉桩是指在软土地基中,用静力(或液压)压桩机无振动地将桩压入土中。使用此法施工,噪声较少,适用于城市及夜间施工。

(3)接桩、送桩和截(砍)桩头。

①接桩。当一根桩的长度达不到设计规定的长度时,需要将预制桩一根一根地连接起来继续向下打,直至达到设计的深度为止。我们将已打入的前一根桩顶端与后一根桩的下端相连接在一块的过程叫做接桩。接桩通常有焊接法和硫磺胶泥锚接法两种常见的方式。

②送桩。因为桩架操作平台一般高于自然地面(设计室外地面)0.5m左右,为了将预制桩沉入自然地面以下一定深度的标高,必须用一节短桩压在桩顶上将其送入所需要的深度,这个过程我们称之为送桩。

③截(砍)桩头。截桩头是指为了使桩的受力钢筋进入承台一定的锚固长度,将多余混凝土截掉,剥露出主筋,与承台钢筋一起整体浇灌的过程。

6.1.2 混凝土灌注桩

混凝土灌注桩按成孔工艺可以分成打孔(沉管)灌注桩、钻(冲)孔灌注桩等。

1. 打孔(沉管)灌注桩

打孔灌注桩又称沉管成孔灌注桩。它是利用锤击打桩法或振动打桩法,将带有钢筋混凝土桩靴或带活瓣式桩靴的钢桩管沉入土中,然后灌注混凝土并拔管而成的灌注桩,主要适用于一般粘性土、淤泥质土、砂土和人工填土地基;拔管的方法有以下几种:单打法、复打法、反插法。

单打桩的施工工艺过程为:安放混凝土桩尖→将钢管吊放在桩尖上并校正垂直度→锤击钢管至设计要求贯入度或标高→测量孔深、安放钢筋笼→浇注混凝土、边锤边拔出钢管。

若是复打桩,则施工程序为:浇灌混凝土直到灌满至地面→拔出钢管,清洁钢管内壁→安放桩尖→重复单打过程。应注意的是,两次沉管时轴线必须重合,而且复打必须在混凝土初凝之前完成。

2. 钻(冲)孔灌注桩

钻孔灌注桩是指在工程现场通过机械钻孔,在地基土中形成桩孔,并在其内放置钢筋笼、灌注混凝土而做成的桩。根据所选护壁形成的不同,有泥浆护壁方式法和全套管施工法两种。

其施工过程为:埋设护筒→制备泥浆→成孔→清孔→制作安装钢筋笼→浇注混凝土。

6.1.3　人工挖孔桩

人工挖孔桩是指采用人工挖掘的方式进行成孔,然后安放钢筋笼,浇注混凝土而成的桩。人工挖孔桩施工方便、速度较快、不需要大型机械设备,相比混凝土打入桩抗震能力强,而且造价较低,从而在公路、民用建筑中得到广泛应用。

(1)人工挖孔桩的护壁。人工挖孔桩的护壁形式,有混凝土护壁和红砖护壁两种。

(2)人工挖孔桩施工过程。

①挖孔。由人工从上至下逐段边挖土边浇筑护壁,挖好桩身后扩底成大头。挖土时应有照明和通风、排水设施。挖至岩层时,应取样检验,保证挖至微风化岩层。

②吊放钢筋笼。

③桩芯浇灌混凝土。先清除井底浮土,浇灌混凝土时应连续分层浇灌,每层厚度不大于1.5m。

6.2　定额计量与计价

6.2.1　预制混凝土桩定额工程量计算规则

1. 打(压)预制混凝土桩

打(压)预制混凝土桩的定额工程量的计算按设计桩长(含桩尖长)乘以桩的截面面积以立方米计算。值得注意的是管桩应扣除空心部分体积,而且管桩空心部分按设计要求灌注混凝土或其他填充材料时,应另行计算。如图 6-1 所示。另外,本定额已经综合考虑了喂桩、送桩,计算时不作调整。

由图 6-1 可知,方桩工程量为 $V=A\times B\times L$,管桩工程量为 $V=\pi(R^2-r^2)\times L$。

2. 接桩

计算接桩时,接桩的方式不同,其工程量的计算规则也不一样。

(1)电焊接桩。电焊接桩的定额工程量按设计接头数量以"个"计算。

(2)硫磺胶泥接桩。按接头面积以平方米计算,每个接头只计算一个截面面积。

(3)静力压预应力管桩。对这种桩,定额已包括接桩费用,不另计算。

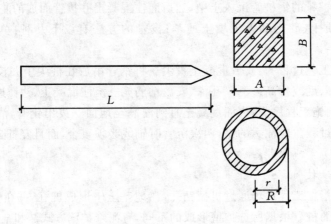

图 6-1 预制钢筋混凝土桩

【例 6-1】 某桩基础工程,设计为预制方桩 300mm×300mm,每根桩长 10m,共 18 根。试计算其打桩的工程量。

解: $V = 0.3 \times 0.3 \times 10 \times 18 = 16.2$ (m³)

【例 6-2】 某桩基础工程,设计为预制方桩 300mm ×300mm,每根工程桩长 18m(6m+6m+6m),共 200 根。桩顶标高为 -2.150m,设计室外地面标高为 -0.600m,柴油打桩机施工,硫磺胶泥接头。打桩损耗率为 2%,运桩损耗率 1.5%。计算场内运方桩、打桩、接桩工程量。

解: 定额中未包括钢筋混凝土桩的制作废品率、运输堆放损耗及安装(打桩损耗)。

(1)打预制方桩:打桩损耗率为 2%

$V = 18 \times 0.3 \times 0.3 \times 200 \times 1.02 = 330.48$ (m³)

(2)场内运方桩:应包括运桩损耗率 1.5%

$V = 18 \times 0.3 \times 0.3 \times 200 \times 1.015 = 328.86$ (m³)

(3)硫磺胶泥接桩:按每根桩 2 个接头计算接头面积,不计算损耗。

$S = 0.3 \times 0.3 \times 200 \times 2 = 36$ (m²)

6.2.2 灌注桩

(1)钻孔桩灌注混凝土。钻孔桩灌注混凝土以设计桩长(含桩尖)加 0.5m 乘以断面面积以立方米计算。

(2)钻(冲)孔灌注桩。走管式打桩机(含桩尖)、螺旋钻机、回旋钻机、冲击钻(锥)机、锅锥钻机、旋挖钻机成孔按设计入土深度以米计算;其中,走管式打桩机成孔后,先埋入预制混凝土桩尖,再灌注混凝土者,桩尖另行计算。

(3)人工挖孔桩灌注混凝土。人工挖孔土方量按设计图示桩长乘以设计桩(桩芯加护壁)的截面积以立方米计算;混凝土护壁按设计护壁长度乘以设计截面积,以立方米计算;桩芯(灌注混凝土)按桩长乘以设计桩的截面积以立方米计算。

6.2.3 其他桩

(1)灰土挤密桩。按设计图示桩长加 0.25m 乘以断面面积以立方米计算。

(2)CFG 桩区分桩长按设计桩长乘以桩截面积以立方米计算;砂(石、砂石)灌注桩、振动水冲桩按设计图示尺寸体积计算;灰土井桩按设计图示回填灰土部分的实际体积计算;灰土井桩上混凝土井盖如有配筋时,按图示用量计算钢筋工程量套钢筋制作相应子目;加深井盖上的矮柱,以矮柱实体积计算工程量,按钢筋混凝土基础梁定额计算。

(3)深层搅拌粉(浆)喷桩按设计图示桩长加 0.5m 后乘以设计断面面积以立方米计算;夯扩(密)桩以夯扩后体积乘以 1.31 计算灌入量;高压旋喷桩区分加固深度以孔数计算工程量。

6.3 工程量清单计量与计价

桩与地基基础工程量计价要点分析如下:

1. 预制钢筋混凝土桩(编码:010201001)

预制钢筋混凝土桩项目(包括钢筋)适用于预制混凝土方桩、管桩、板桩等。工程量清单中,应描述土壤级别、单桩长度及根数、桩截面面积、混凝土等级、管桩内填充材料种类以及各种运距等项目特征,并按不同特征区分五级编码进行列项。打试桩应按预制钢筋混凝土桩项目单独编码列项,便于与工程桩区别报价。预制钢筋混凝土板桩是指打入土中后不再拔出来的板桩。板桩面积是指单根板桩正面投影的面积,应在项目特征中加以描述。预制钢筋混凝土清单工程量按设计图示尺寸以桩长(包括桩尖)或根数计算。计量单位为 m 或根。

2. 接桩(编码:010201002)

接桩项目适用于预制钢筋混凝土方桩、管桩和板桩的接桩。接桩类型包括焊接和硫磺胶泥锚接。在清单中,应描述桩截面、接桩材料和板桩接头长度等项目特征,并按不同特征区分五级编码列项。预制钢筋混凝土方桩和管桩的接桩工程量按设计图示规定以接头数量计算,板桩的接桩工程量按接头长度计算。

3. 混凝土灌注桩(编码:010201003)

混凝土灌注桩项目适用于人工挖孔灌注桩、钻孔灌注桩、打孔灌注桩(含复打)、夯扩灌注桩等。在清单中,应描述土壤级别、单桩长度、根数、桩截面、成孔方法、混凝土强度等级及运距等项目特征,并按其不同特征分五级编码列项。混凝土灌注桩中钢筋笼制作安装,应按清单计价规范附录相关项目另行编码列项。混凝土灌注桩按设计图示尺寸以桩长(包括桩尖)或根数计算。

4. 砂石灌注桩(编码:010202001)、灰土挤密桩(编码:010202002)、旋喷桩(编码:010202003)、喷粉桩(编码:010202004)

砂石灌注桩适用于各种成孔方式(振动沉管、锤击沉管等)的砂石灌注桩。挤密桩适用于各种成孔方式的灰土、石灰、水泥粉、煤灰、碎石等挤密桩。旋喷桩适用于水泥旋喷桩。喷粉桩适用于水泥、生石灰粉等喷粉桩。砂石灌注桩、灰土挤密桩、旋喷桩、喷粉桩均按设计图示尺寸按桩长(包括桩尖)以"m"计算。

5. 地下连续墙(编码:010203001)

地下连续墙项目适用于作为永久性工程实体的地下结构部分,专作深基础支护结构时,应按非实体措施项目列项。地下连续墙中钢筋网制作、安装,应按附录相关项目另行编码列项。在清单中应描述墙体厚度、成槽深度、混凝土强度等级及运距等项目特征,并按不同特征区分五级编码列项。地下连续墙按设计图示墙中心线长乘以厚度、乘以槽深以体积计算。

6. 振冲灌注碎石(编码:010203002)

在清单中,应描述振冲深度、成孔直径、碎石级配及碎石运距等项目特征,并按不同特征区分五级编码列项。振冲灌注碎石按设计图示孔深乘以孔截面面积以体积计算。

7. 锚杆支护（编码：010203004）

锚杆支护项目适用于岩石高削坡混凝土支护挡墙和风化岩石的混凝土、砂浆护坡。土钉支护适用于土层的锚固。锚杆和土钉应按混凝土及钢筋混凝土相关项目编码列项。钻孔、布筋、锚杆安装、灌浆、张拉等工作内容所需搭设的脚手架，应在措施项目内列项。锚杆支护和土钉支护均按设计图示尺寸以支护面积计算。

【例 6-3】 某工程有预制混凝土方桩 220 根（含试桩 3 根），桩截面为 400mm×400mm，桩型为三段分接桩长 18m（6m＋6m＋6m），土壤级别为一类土，桩身混凝土 C35，场外运输 12km，送桩深度 2m。试编制该项目工程量清单。

解：（1）计算清单工程量。

预制钢筋混凝土桩：18×（220－3）＝3906（m）

预制钢筋混凝土试桩：18×3＝54（m）

（2）工程量清单编制如表 6-1 所示。

表 6-1　分部分项工程量清单

序号	项目编码	项目名称	项目特征	计量单位	工程量
1	010201001001	预制钢筋混凝土方桩	一级土；单桩长度 18m，217 根；桩身混凝土 C35；运距 12km	m	3906
2	010201001002	预制钢筋混凝土方桩（打试桩）	一级土；单桩长度 18m，3 根；桩身混凝土 C35；运距 12km	m	54

 思考与练习

1. 某工程打预制方桩，如题图 6-1。桩截面 350mm×350mm，桩型为三段分接桩长 18m（6m＋6m＋6m），硫磺胶泥接头。试计算单桩工程量。

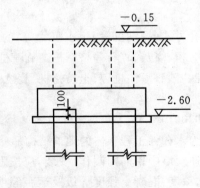

题图 6-1

2. 什么是接桩？工程量如何计算？

3. 预制混凝土桩的工程量如何计算？

第 7 章

砌筑工程

7.1　基础知识

砌筑工程是指砖、石块体和各种类型砌块用胶结材料组砌,使其组成具有一定的抗压、抗弯、抗拉能力的一定形状的整体。在预算定额中,砌筑工程划分为砌砖、砌石和构筑物三部分,其中包含了砖(石)基础、砖(石)墙、砌块墙、砖(石)柱等定额子目。

7.1.1　砖基础

1.基础与墙身的划分

由于基础与墙身所套用的定额项目不同,所以要对基础和墙身进行划分,参照图 7-1,划分时应遵守以下规定。

(1)基础与墙身使用同一种材料时,以设计室内地面为界(有地下室者,以地下室室内设计地面为界),以下为基础,以上为墙身。

(2)基础与墙身使用不同材料时,位于设计室内地面±300mm 以内时,以材料的分界线为基础和墙身的分界线,超过±300mm 时,以设计室内地面为分界线。

(3)砖围墙,以设计室外地坪为界,以下为基础,以上为墙身。

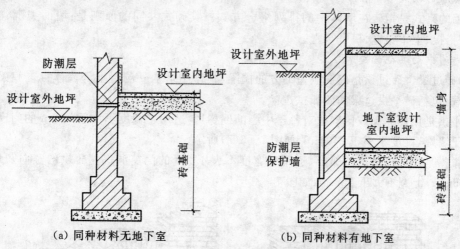

图 7-1　基础与墙身划分示意图

2.砖基础的形式

砖基础的形式为大放脚,主要有等高式和不等高式两种。大放脚(见图 7-2)的定尺由砖的标准尺寸决定。其标准砖尺寸为 240mm×115mm×53mm,灰缝厚 10mm,故大放脚宽度=
$(365-240)÷2=(490-365)÷2=(615-490)÷2=125÷2=62.5(mm)=0.0625(m)$

大放脚(二皮砖)高度$=53+10+53+10=126(mm)=0.126(m)$

大放脚(一皮砖)高度＝53＋10＝63(mm)＝0.063(m)

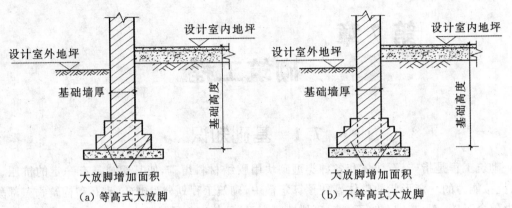

（a）等高式大放脚　　　　　　　（b）不等高式大放脚

图 7-2　砖基础断面形式示意图

7.1.2　墙

1. 砖墙的厚度

砖墙的厚度与砖的标准尺寸和各种砌筑方式直接相关,同时在工程实际中存在着构造尺寸、标志尺寸等不同称谓,工程预算一般以预算尺寸为工程量计算的依据,如表 7-1 所示。

表 7-1　砖墙厚度

墙身	1/4	1/2	3/4	1	3/2	2	5/2	3
计算厚度(mm)	53	115	180	240	365	490	615	740

2. 砖墙的砌式

砖墙的砌式是指砖在墙体中的排列组合方式。其砌式共同的原则是:墙面美观、施工方便、内外搭接、上下错缝、横平竖直。

3. 砖墙中的其他构造

(1)砖过梁。砖过梁是门窗洞口上方的横梁,其作用是承受洞口上部墙体自重和梁、板传来的荷载,包括砖平拱过梁和砖弧拱过梁。

砖平拱是用砖立砌或侧砌成对称于中心的倒梯形,适用于宽度不大于 1.2m 的门窗洞口,厚度等于墙厚,高度不小于 240mm,如图 7-3(a)所示。

砖弧拱是用砖立砌成圆弧形,适用于宽度不大于 2m 的门窗洞口。砖拱的竖向灰缝下宽不小于 5mm,上宽不大于 25mm,如图 7-3(b)所示。

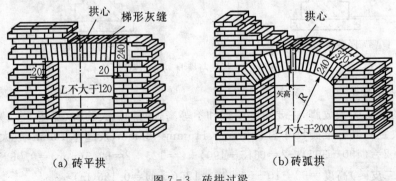

（a）砖平拱　　　　　　　（b）砖弧拱

图 7-3　砖拱过梁

（2）零星砌体。与墙体相关的零星细部构造有窗台虎头砖、窗套线、凹凸线、挑檐与基座、窗眉等。见图 7-4。

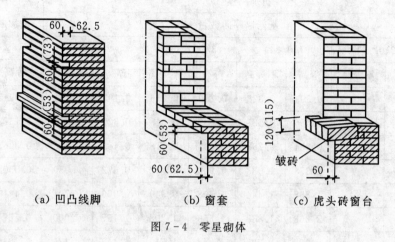

（a）凹凸线脚　　　（b）窗套　　　（c）虎头砖窗台

图 7-4　零星砌体

7.2　定额计量与计价

7.2.1　砖基础工程量计算规则

砖基础工程量按图示尺寸体积以立方米计算。其计算公式为：

$$砖基础工程量 = 基础断面积 \times 基础长度 - \sum 嵌入基础的混凝土构件以及$$
$$大于 0.3m^2 孔洞所占体积$$

公式说明如下：

（1）基础长度：外墙取中心线长，内墙取净长。

（2）基础断面积的计算有两种方法，一是根据大放脚的尺寸直接计算，二是查表法。现介绍一下查表法。

①按折面积法计算。

$$基础断面积 = 基础墙厚 \times 基础高度 + 大放脚增加面积$$

②按折高法计算。

$$基础断面积 = 基础墙厚 \times (基础高度 + 折加高度)$$

大放脚的增加面积和增加高度如表 7-2 所示。

表 7-2　砖墙基础大放脚折加高度和增加断面面积计算

放脚层数	折加高度（m）								增加断面 $\Delta S(m^2)$	
	基础墙厚砖数量									
	1/2（0.15）		1（0.24）		3/2（0.365）		2（0.49）			
	等高	不等高	等高	不等高	等高	不等高	等高	不等高	等高	不等高
1	0.137	0.137	0.066	0.066	0.043	0.043	0.032	0.032	0.01575	0.01575
2	0.411	0.342	0.197	0.164	0.129	0.108	0.096	0.080	0.04725	0.03938

放脚层数	折加高度(m)								增加断面 $\Delta S(m^2)$	
	基础墙厚砖数量									
	1/2(0.15)		1(0.24)		3/2(0.365)		2(0.49)			
	等高	不等高	等高	不等高	等高	不等高	等高	不等高	等高	不等高
3			0.394	0.328	0.259	0.216	0.193	0.161	0.0945	0.07875
4			0.656	0.525	0.432	0.345	0.321	0.253	0.1575	0.1260
5			0.984	0.788	0.647	0.518	0.482	0.380	0.3263	0.1890
6			1.378	1.083	0.906	0.712	0.672	0.530	0.3308	0.2599
7			1.838	1.444	1.208	0.949	0.900	0.707	0.4410	0.3465
8			2.363	1.838	1.553	1.208	1.157	0.900	0.5670	0.4411
9			2.953	2.297	1.942	1.510	1.447	1.125	0.7088	0.5513
10			3.610	2.789	2.372	1.834	1.768	1.366	0.8663	0.6694

(3)砖基础工程量计算时,不扣除的体积如下:基础大放脚 T 形接头处的重叠部分(见图 7-5)。嵌入基础的钢筋、铁件、管道、基础防潮层及单个面积在 $0.3m^2$ 以内的孔洞、砖平碹所占体积不予扣除。不增加的体积如下:靠墙暖气沟的挑檐(见图 7-6)。应增加的体积如下:附墙垛基础宽出部分体积(见图 7-7)。

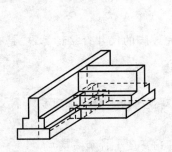

图 7-5 T 形接头处的重叠部分

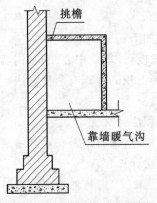

图 7-6 靠墙暖气沟的挑檐

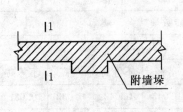

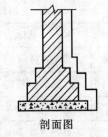

剖面图

图 7-7 附墙垛基础宽出部分

7.2.2 砖墙工程量的计算

1. 墙体工程的计算

墙体工程量的计算按其体积以立方米计算。其计算公式为：

$$V = (L \times H - S) \times D \pm V_1$$

式中：L——砖墙长度(m)；

　　H——砖墙墙身高度(m)；

　　S——门窗洞口、过人洞口、空圈洞口的面积；

　　D——砖墙厚度(m)；

　　V_1——应扣除及增加的构件体积。

结合公式说明如下：

(1)砖墙高度按以下规则确定：

①外墙墙身高度。

A. 平屋面时，外墙墙身高度算至钢筋混凝土板底。

B. 斜(坡)屋面无檐口天棚者算至屋面板底。

C. 有屋架、有檐口天棚者，算至屋架下弦底另加200mm(见图7-8)。

D. 无檐口天棚者算至屋架下弦底加300mm(见图7-9)。

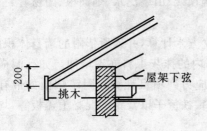

图7-8　有屋架、有檐口天棚外墙墙身高度示意图　　　　图7-9　无檐口天棚外墙墙身高度示意图

E. 砖砌出檐宽度超过600mm时，应按实砌高度计算。

F. 内外山墙墙身高度按其平均高度计算(见图7-10)。

G. 女儿墙高度，应自顶板面算至图示高度，区别不同墙厚按内外墙项目计算。

②内墙高度确定。

A. 有钢筋混凝土楼板隔层者算至板顶(见图7-11)。

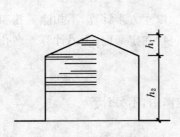
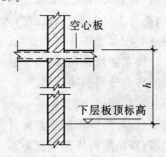

图7-10　内外山墙墙身高度示意图　　　　图7-11　有钢筋混凝土楼板隔层的内墙墙身高度示意图

B. 位于屋架下弦者，其高度算至屋架下弦底(见图7-12)。

C. 无屋架者算至天棚底另加100mm(图7-13)。

D. 有框架梁时算至梁底面。

E. 同一墙上板高不同时,可按平均高度计算。

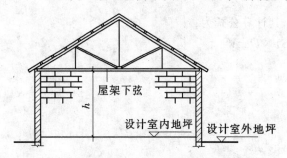

图 7-12 位于屋架下弦的内墙墙身高度示意图

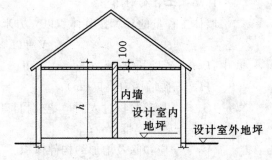

图 7-13 无屋架的内墙墙身高度示意图

(2)砖墙长度的确定:外墙取中心线长,内墙取净长。

另外,应扣除体积如下:门窗洞口、过人洞、空圈、嵌入墙身的钢筋混凝土柱、梁、过梁、圈梁、挑梁、板头、砖过梁和暖气包壁龛的体积。

不扣除的体积如下:每个面积在 $0.3m^2$ 以内的孔洞、梁头、梁垫、檩头、垫木、木楞头、沿椽木、木砖、门窗走头、墙内的加固钢筋、木筋、铁件、钢管等所占的体积。

不增加的体积如下:凸出砖墙面的窗台虎头砖、压顶线、山墙泛水、烟囱根、门窗套、三皮砖以下腰线、挑檐等体积。

(3)附墙烟囱、通风道、垃圾道,按其外形体积以立方米计算,并入所依附的墙身体积内,不扣除每一孔洞横截面积在 $0.1m^2$ 以下的体积,但孔洞内的抹灰工料亦不增加。如孔洞横断面积超过 $0.1m^2$ 时,应扣除孔洞所占体积,孔洞内抹灰应另列项目计算。附墙烟囱如带有缸瓦管、出灰门,垃圾道带有垃圾道门、垃圾斗、通风百叶窗、铁箅子以及钢筋混凝土盖板等,均应另列项目计算。

2. 其他砖墙工程量的计算

(1)空斗墙、空花墙。

①空斗墙:按外形体积计算。墙角、内外墙交接处、门窗洞口立边、窗台砖及屋檐处的实砌部分已包括在定额内,不另行计算,但窗间墙、窗台下、楼板下、梁头下等实砌部分,应另行计算,套零星砌体定额项目。

②空花墙:按空花部分外形尺寸体积计算,空花部分的孔洞体积不予扣除。空花墙外有实砌墙,其实砌部分应另列项目,以立方米计算。

(2)空心砌块、多孔砖。空心砌块、多孔砖均按图示尺寸以立方米计算,不扣除其孔和空心部分的体积。按定额规定,其砌块墙的实砌标准砖部分已包括在定额内,不另计算。多孔砖墙内的实砌标准砖部分另列项计算。

(3)填充墙、贴砌墙。

①填充墙:按外形体积以立方米计算,实砌部分含在定额中,不另计算。

②贴砌墙:按贴砌砖体积以立方米计算。

(4)框架间砌体。框架间砌体按图示尺寸以立方米计算,框架外表镶贴砖部分,应单独计算,套零星砌体定额项目。

框架间砌体工程量＝框架间净空面积×墙厚度－嵌入墙之间的洞口、埋件所占体积

(5)其他砖砌体。

①砖平碹:按设计图示尺寸以立方米计算。如设计无规定时,砖平碹宽度按门窗洞口宽度两端共加 100mm 计算。其计算公式如下:

砖平碹工程量＝(门窗洞口宽度＋100mm)×高度×厚度

高度取值:门窗洞口宽小于 1500mm 时,高度为 240mm;大于 1500mm 时,高度为 365mm。

②砖柱、砖拱。砖柱不分柱身和柱基,其工程量合并计算,按砖柱定额执行;砖拱按图示尺寸以体积计算。如设计无规定时,平拱长度,按门窗洞口宽度加 100mm,半圆拱按半圆中心线长。洞口宽小于 1500mm 时,高度为 240mm;洞口宽大于 1500mm 时,高度为 365mm。宽度应与墙厚度相同。

③钢筋砖过梁:按设计图示尺寸以体积立方米计算;钢筋砖过梁按门窗洞口宽度两端共加 500mm,高度按 440mm 计算。其工程量计算公式如下:

钢筋砖过梁工程量＝(门窗洞口宽度＋500mm)×440mm×厚度

④零星砌体:

A. 砖砌锅台、炉灶、不分大小按图示外形尺寸以立方米计算。不扣除各种孔洞体积。

B. 砖砌台阶(不包括梯带),按水平投影面积以平方米计算。

C. 砖砌厕所蹲台、水槽腿、灯箱、垃圾箱、台阶挡墙或梯带、花台、花池、地垄墙及支撑地楞的砖墩、房上烟囱、屋面架空隔热层砖墩及毛石墙的门窗立边、窗台虎头砖等石砌工程量,以体积立方米计算,套用零星砌体定额项目。

D. 砖砌地沟(暖气沟、电缆沟等),不分墙基、墙身,合并以立方米计算。

E. 砖砌小便槽按延长米计算。

F. 砌体内的加固钢筋应根据设计规定,以 t 计算。套用钢筋混凝土相应分项工程定额。

⑤砖烟囱。

A. 烟囱筒身,不管是圆形还是方形筒身,均按图示筒壁平均中心线周长乘以筒壁厚度再乘以筒身的垂直高度,以立方米计算;应扣除筒身各种洞孔、钢筋混凝土圈梁、过梁等构件的体积。若筒壁周长不同时,可按下式分段计算工程量:

$$V = \sum (H \times C \times \pi D) - \sum 嵌入筒身构件的体积 - \sum (洞孔面积 \times 筒壁厚度)$$

式中:H——每段筒身的垂直高度(m);

C——每段筒壁的厚度(m);

D——每段筒壁中心线的平均直径(m)。

B. 烟道、烟囱内衬,按不同内衬材料,扣除孔洞后的图示实体积以立方米计算。

C. 烟囱内壁表面隔热层,按筒身内壁扣除各种孔洞后的面积以平方米计算;填料按烟囱内衬与筒身之间中心线的平均周长乘以隔热层图示宽度和筒高,并扣除各种孔洞体积后,以立方米计算。

D. 烟道砌砖,烟道与炉体的划分以第一道闸门为界,界线以上为烟道,以下为炉体。炉体内的烟道体积并入炉体工程量内。烟道砌砖工程量,以立方米计算。

⑥砖砌水塔。

A. 水塔基础与塔身的划分应以砖砌体的扩大部分顶面为界,界线以上为塔身,以下为基础。

B. 塔身,按设计图示实砌体积以立方米计算;应扣除门窗洞口和嵌入塔身的混凝土构件所占体积。砖平拱碹及砖出檐等体积并入塔身工程量内,套水塔砌筑定额。

　　C.砖水箱内外壁,不分壁厚,均按设计图示实砌体积以立方米计算。套相应的内外砖墙定额。

　　【**例 7-1**】某一层办公楼底层平面如图 7-14 所示,层高 3.3m,楼面 100mm 厚现浇平板,圈梁 240mm×250mm,用 M5 混合砂浆砌标准一砖墙,构造柱 240mm×240mm,留马牙槎(5皮 1 收),基础 M7.5 水泥砂浆砌筑,室内地坪标高为 0.00m,M1 尺寸为 900mm×2000mm,C1尺寸为 1500mm×1500mm。计算砖基础、砖内外墙工程量。

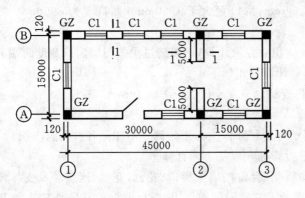
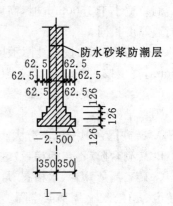

图 7-14

　　解:(1)砖基础的工程量计算如下:

外墙基础=(45+15)×2×0.24×(2.5+0.394)=83.347(m³)

扣构造柱:(0.24×0.24×6+0.24×0.03×12)×2.5=1.08(m³)

内墙基础:10×0.24×(2.5+0.394)=6.946(m³)

扣构造柱:0.24×0.03×2×2.5=0.036(m³)

合计:83.347-1.08+6.946-0.036=89.18(m³)

　　(2)砖外墙的工程量计算如下:(45+15)×2×0.24×(3.3-0.25-0.1)=84.96(m³)

扣构造柱:(0.24×0.24×6+0.24×0.03×12)×(3.3-0.25-0.1)=1.274(m³)

扣门窗:1.5×1.5×0.24×8+0.9×2×0.24=4.752(m³)

合计:84.96-1.274-4.752=78.93(m³)

　　(3)砖内墙的工程量计算如下:10×0.24×(3.3-0.25-0.1)=7.08(m³)

扣构造柱:0.24×0.03×2×(3.3-0.25-0.1)=0.04(m³)

合计:7.08-0.04=7.04(m³)

【**例 7 - 2**】某建筑物基础平面如图 7 - 15 所示,留马牙槎(5 皮 1 收)。试计算砖基础工程量。

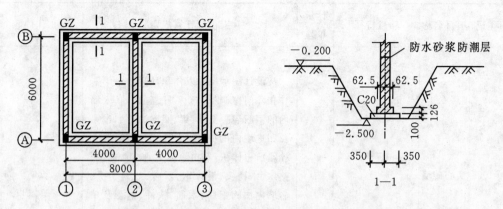

图 7 - 15

解:外墙基础:$(8+6) \times 2 \times 0.24 \times (2.5-0.1+0.066)=16.572(m^3)$

扣除外墙构造柱体积:$(0.24 \times 0.24 \times 6 + 0.24 \times 0.03 \times 2 \times 6) \times 2.4 = 1.037(m^3)$

内墙基础:$(6-0.24) \times 0.24 \times 2.466 = 3.409(m^3)$

扣除内墙构造柱体积:$0.24 \times 0.03 \times 2 \times 2.4 = 0.035(m^3)$

合计:$16.572 - 1.037 + 3.409 - 0.035 = 18.91(m^3)$

7.3　工程量清单计量与计价

7.3.1　工程量清单项目设置及计量规则

砌筑工程包括砖基础、砖砌体、砖构筑物、砌块砌体等分部工程,其工程量清单项目设置及计算规则见表 7 - 3 和表 7 - 4。

表 7 - 3　砖砌体(编号:010401)

项目编码	项目名称	项目特征	计量单位	工程量计算规则	工作内容
010401001	砖基础	1. 砖品种、规格、强度等级 2. 基础类型 3. 砂浆强度等级 4. 防潮层材料种类	m³	按设计图示尺寸以体积计算 包括附墙垛基础宽出部分体积,扣除地梁(圈梁)、构造柱所占体积,不扣除基础大放脚 T 形接头处的重叠部分及嵌入基础内的钢筋、铁件、管道基础砂浆防潮层和单个面积≤0.3m² 的孔洞所占体积,靠墙暖气沟的挑檐不增加 基础长度:外墙按外墙中心线,内墙按内墙净长线计算	1. 砂浆制作、运输 2. 砌砖 3. 防潮层铺设 4. 材料运输
010401002	砖砌挖孔桩护壁	1. 砖品种、规格、强度等级 2. 砂浆强度等级		按设计图示尺寸以立方米计算	1. 砂浆制作、运输 2. 砌砖 3. 材料运输

项目编码	项目名称	项目特征	计量单位	工程量计算规则	工作内容
010401003	实心砖墙			按设计图示尺寸以体积计算 扣除门窗洞口、过人洞、空圈、嵌入墙内的钢筋混凝土柱、梁、圈梁、挑梁、过梁及凹进墙内的壁龛、管槽、暖气槽、消火栓箱所占体积,不扣除梁头、板头、檩头、垫木、木楞头、沿缘木、木砖、门窗走头、砖墙内加固钢筋、木筋、铁件、钢管及单个面积≤0.3m² 的孔洞所占的体积,凸出墙面的腰线、挑檐、压顶、窗台线、虎头砖、门窗套的体积亦不增加,凸出墙面的砖垛并入墙体体积内计算	
010401004	多孔砖墙	1.砖品种、规格、强度等级 2.墙体类型 3.砂浆强度等级、配合比	m³	1.墙长度:外墙按中心线、内墙按净长计算 2.墙高度 (1)外墙:斜(坡)屋面无檐口天棚者算至屋面板底;有屋架且室内外均有天棚者算至屋架下弦底另加 200mm;无天棚者算至屋架下弦底另加 300mm,出檐宽度超过 600mm 时按实砌高度计算;与钢筋混凝土楼板隔层者算至板顶;平屋顶算至钢筋混凝土板底 (2)内墙:位于屋架下弦者,算至屋架下弦底;无屋架者算至天棚底另加 100mm;有钢筋混凝土楼板隔层者算至楼板顶;有框架梁时算至梁底	1.砂浆制作、运输 2.砌砖 3.刮缝 4.砖压顶砌筑 5.材料运输
010401005	空心砖墙			(3)女儿墙:从屋面板上表面算至女儿墙顶面(如有混凝土压顶时算至压顶下表面) (4)内、外山墙:按其平均高度计算 3.框架间墙:不分内外墙按墙体净尺寸以体积计算 4.围墙:高度算至压顶上表面(如有混凝土压顶时算至压顶下表面),围墙柱并入围墙体积内	

项目编码	项目名称	项目特征	计量单位	工程量计算规则	工作内容
010401006	空斗墙	1.砖品种、规格、强度等级 2.墙体类型 3.砂浆强度等级、配合比	m³	按设计图示尺寸以空斗墙外形体积计算。墙角、内外墙交接处、门窗洞口立边、窗台砖、屋檐处的实砌部分体积并入空斗墙体积内	1.砂浆制作、运输 2.砌砖 3.装填充料 4.刮缝 5.材料运输
010401007	空花墙			按设计图示尺寸以空花部分外形体积计算,不扣除空洞部分体积	
010404008	填充墙			按设计图示尺寸以填充墙外形体积计算	
010401009	实心砖柱	1.砖品种、规格、强度等级 2.柱类型 3.砂浆强度等级、配合比		按设计图示尺寸以体积计算。扣除混凝土及钢筋混凝土梁垫、梁头所占体积	1.砂浆制作、运输 2.砌砖 3.刮缝 4.材料运输
010404010	多孔砖柱				
010404011	砖砌检查井	1.井截面 2.垫层材料种类、厚度 3.底板厚度 4.井盖安装 5.混凝土强度等级 6.砂浆强度等级 7.防潮层材料种类	座	按设计图示数量计算	1.土方挖、运 2.砂浆制作、运输 3.铺设垫层 4.底板混凝土制作、运输、浇筑、振捣、养护 5.砌砖 6.刮缝 7.井池底、壁抹灰 8.抹防潮层 9.回填 10.材料运输

项目编码	项目名称	项目特征	计量单位	工程量计算规则	工作内容
010404013	零星砌砖	1. 零星砌砖名称、部位 2. 砂浆强度等级、配合比	1. m³ 2. m² 3. m 4. 个	1. 以立方米计量,按设计图示尺寸截面积乘以长度计算 2. 以平方米计量,按设计图示尺寸水平投影面积计算 3. 以米计量,按设计图示尺寸长度计算 4. 以个计量,按设计图示数量计算	1. 砂浆制作、运输 2. 砌砖 3. 刮缝 4. 材料运输
010404014	砖散水、地坪	1. 砖品种、规格、强度等级 2. 垫层材料种类、厚度 3. 散水、地坪厚度 4. 面层种类、厚度 5. 砂浆强度等级	m²	按设计图示尺寸以面积计算	1. 土方挖、运 2. 地基找平、夯实 3. 铺设垫层 4. 砌砖散水、地坪 5. 抹砂浆面层
010404015	砖地沟、明沟	1. 砖品种、规格、强度等级 2. 沟截面尺寸 3. 垫层材料种类、厚度 4. 混凝土强度等级 5. 砂浆强度等级	m	以米计量,按设计图示以中心线长度计算	1. 土方挖、运 2. 铺设垫层 3. 底板混凝土制作、运输、浇筑、振捣、养护 4. 砌砖 5. 刮缝、抹灰 6. 材料运输

表 7 - 4　砌块砌体(编号:010402)

项目编码	项目名称	项目特征	计量单位	工程量计算规则	工作内容
010402001	砌块墙	1.砌块品种、规格、强度等级 2.墙体类型 3.砂浆强度等级	m³	按设计图示尺寸以体积计算 　　扣除门窗洞口、过人洞、空圈、嵌入墙内的钢筋混凝土柱、梁、圈梁、挑梁、过梁及凹进墙内的壁龛、管槽、暖气槽、消火栓箱所占体积,不扣除梁头、板头、檩头、垫木、木楞头、沿缘木、木砖、门窗走头、砌块墙内加固钢筋、木筋、铁件、钢管及单个面积≤0.3 m² 的孔洞所占的体积,凸出墙面的腰线、挑檐、压顶、窗台线、虎头砖、门窗套的体积亦不增加,凸出墙面的砖垛并入墙体体积内计算 　　1.墙长度:外墙按中心线、内墙按净长计算 　　2.墙高度: 　　(1)外墙:斜(坡)屋面无檐口天棚者算至屋面板底;有屋架且室内外均有天棚者算至屋架下弦底另加 200mm;无天棚者算至屋架下弦底另加 300mm,出檐宽度超过 600mm 时按实砌高度计算;与钢筋混凝土楼板隔层者算至板顶;平屋面算至钢筋砼板底 　　(2)内墙:位于屋架下弦者,算至屋架下弦底;无屋架者算至天棚底另加 100mm;有钢筋砼楼板隔层者算至楼板顶;有框架梁时算至梁底 　　(3)女儿墙:从屋面板上表面算至女儿墙顶面(如有砼压顶时算至压顶下表面) 　　(4)内、外山墙:按其平均高度计算 　　3.框架间墙:不分内外墙按墙体净尺寸以体积计算 　　4.围墙:高度算至压顶上表面(如有砼压顶时算至压顶下表面),围墙柱并入围墙体积内	1.砂浆制作、运输 2.砌砖、砌块 3.勾缝 4.材料运输
010402002	砌块柱	1.砖品种、规格、强度等级 2.墙体类型 3.砂浆强度等级		按设计图示尺寸以体积计算 　　扣除混凝土及钢筋混凝土梁垫、梁头、板头所占体积	

7.3.2 工程量计价要点分析

1. 砖基础（编码：010301001）

砖基础项目适用于各种类型砖基础：桩基础、墙基础、烟囱基础、水塔基础、管道基础等。在砖基础项目中，砖基础自身为主体项目，当有防潮层时，防潮层为附属项目；计算清单工程量时，只计算砖基础的工程量，不计算防潮层工程量。砖基础清单工程量按设计图示尺寸以体积计算，其他规定同定额工程量计算规定。

2. 实心砖墙（编码：010302001）

实心砖墙项目适用于各种类型实心砖墙，可分为外墙、内墙、围墙、混水墙、单面清水墙、直行墙、弧形墙及不同的墙厚；砌筑砂浆分水泥砂浆、混合砂浆及不同的强度、加浆勾缝、原浆勾缝等，应在工程量清单项目中一一描述。

工程量按设计图示尺寸以体积计算。另外，说明如下：

(1)不论三皮砖以下或三皮砖以上的腰线、挑檐突出墙面部分均不计算体积（与定额计算规则不同）。

(2)内墙算至楼板隔层顶板（与定额计算规则不同）。

(3)女儿墙的砖压顶、围墙的砖压顶突出墙面部分不计算体积，压顶顶面凹进墙面的部分也不扣除（包括一般围墙的抽屉檐、棱角檐、仿瓦砖檐等）。

(4)墙面砖平旋、砖拱旋、砖过梁的体积不扣除，应包括在报价内。

(5)砌体内加固钢筋的制作、安装应按钢筋相关项目编码列项。

3. 空斗墙（编码：010302002）

空斗墙项目适用于各种类型空斗墙，一眠一斗、一眠二斗、如一眠三斗、单丁无眠空全斗、双丁无眠空全斗等。工程量按设计图示尺寸以空斗墙外形体积计算。墙角、内外墙交界处、门窗洞口立边、窗台砖、屋檐处的实砌部分体积并入空斗墙体积内计算。空斗墙的窗间墙、窗台下、楼板下、梁头下的实砌部分应另行计算，按零星项目编码列项。

4. 空花墙（编码：010302003）

空花墙项目适用于各种类型空花墙，工程量按设计图示尺寸以空花部分外形体积计算（包括空花的外框），不扣除空洞部分体积。空花墙若使用混凝土花格，混凝土花格按混凝土及钢筋混凝土预制零星构件编码列项。

5. 填充墙（编码：010302004）

填充墙项目适用于各种类型填充料的填充墙，如煤渣、轻混凝土；工程量按设计图示尺寸以填充墙外形体积计算。

6. 实心砖柱（编码：010302005）

实心砖柱项目适用于各种类型砖柱，如矩形柱、异形柱、圆柱等；工程量按设计图示尺寸以体积计算，扣除混凝土及钢筋混凝土梁垫、梁头、板头所占体积。

7. 零星砌砖（编码：010302006）

零星砌体项目适用于台阶、台阶挡墙、梯带、锅台、炉灶、蹲台、池槽、池槽腿、花台、花池、楼梯栏板、阳台栏板、地垄墙、屋面隔热板下的砖墩、0.3 m² 以内的孔洞填塞等。台阶工程量按水平投影面积计算（不包括梯带或台阶挡墙）。小型池槽、锅台、炉灶按个计算，以"长×宽×高"顺序表明外形尺寸。砖砌小便池可按长度以米计算。

8. 检查井(编码:010303003)

砖窖井、检查井项目适用于各种类型砖砌窖井、检查井,应按其砌体体积大小分别编码列项。其工作内容包括挖土、运输、回填、井池底板、池壁、井池盖板、池内隔断、隔墙、隔栅小梁、隔板、滤板等全部工程。井、池内爬梯另行编码列项。构件内的钢筋按混凝土及钢筋混凝土相关项目编码列项。工程量按设计图示数量以座计算。

【例7-3】根据图7-16所示基础施工图,试计算砖基础清单工程量并编制工程量清单表。基础墙厚为240mm,采用标准红砖,M5水泥砂浆砌筑,垫层为C10混凝土。

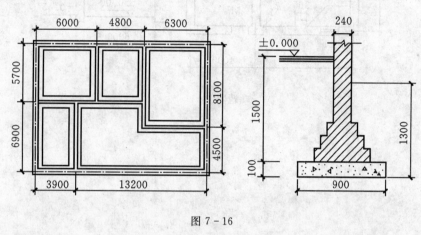

图7-16

解:(1)根据大放脚尺寸计算清单工程量如下:

外墙砖基础中心线长:$L_{中}=[(6.9+5.7)+(3.9+13.2)]\times 2=59.4(m)$

内墙砖基础净长:$L_{内}=(5.7-0.24)+(8.1-0.12)+(6.9-0.24)+(6.0+4.8-0.24)+$

$(6.3-0.12)=36.84(m)$

砖基础工程量:$V=(0.24\times 1.5+0.0625\times 0.126\times 12)\times(59.4+36.84)=43.74(m^3)$

注:也可用查表法按折面积或折高计算。

(2)编制工程量清单表见表7-5。

表7-5 分部分项工程量清单表

序号	项目编码	项目名称	项目特征	计量单位	工程量
1	010301001001	砖基础	标准红砖,条形基础;基础深1.3m;M5水泥砂浆砌筑,垫层为C10混凝土	m³	43.74

 思考与练习

1. 如何计算砖基础断面面积?

2. 外墙高度如何确定?

3. 基础与墙体如何划分?

4. 试计算如题图7-1所示的砖内外墙工程量。已知:窗C1框外围尺寸1.48m×1.48m

（洞口尺寸:1.5m×1.5m),门 M1 框外围尺寸 1.27m×2.39m(洞口尺寸:1.3m×2.4m),圈
(过)梁一道(包括砖垛上内墙上)断面均为 0.18m×0.24m。

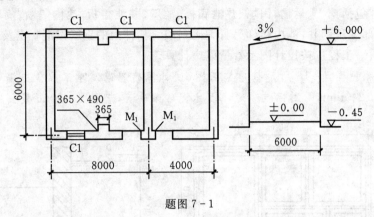

题图 7-1

第8章

混凝土及钢筋混凝土工程

8.1 基础知识

混凝土及钢筋混凝土工程包括现浇混凝土工程、预制混凝土工程及钢筋工程三个专业工程,是建筑施工中的主导工种工程,无论在人力、物力消耗还是工期的影响都占非常重要的地位。

8.1.1 混凝土工程

混凝土工程属于实体性项目,主要包括混凝土基础、柱、梁、板、墙等主体性构件和混凝土楼梯、阳台、栏板、雨篷、檐沟等辅助性构件。

(1)混凝土基础:分为条(带)形基础、独立基础、杯形基础和满堂基础。其中条(带)形基础又分为有梁式带形基础和无梁式带形基础两种。有梁式带形基础是指带形基础截面呈"⊥"形,且配有梁的钢筋,但梁(肋)高宽比应不大于4,如图8-1所示。无梁式带形基础是指基础底板不带梁或者带有梁顶面不凸出底板的暗梁。

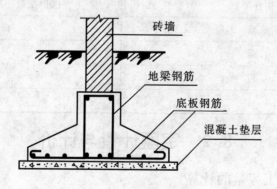

图 8-1 有梁式混凝土基础

(2)基础梁:两端支承在独立柱基顶面,梁底托空,以承受上部墙体荷载,起着墙体基础作用的梁。

(3)圈梁:为增加房屋整体稳固性,沿内外墙同一水平面浇筑的连续封闭的梁;通常按设置部位不同分为基础圈梁(不同于基础梁)、楼层圈梁。

(4)有梁板指梁(含主梁、次梁)与板浇筑成整体的楼板结构体系,是梁和板的总称。

(5)无梁板指直接支承在柱帽上而没有梁的楼板结构体系,是板与柱帽的总称。

(6)平板指直接搁置在墙上或不与板整浇的独立梁上的板。

(7)剪力墙:为增加房屋抵抗地震水平荷载的能力,设置的现浇钢筋混凝土墙。当墙净长大于4倍墙厚而小于或等于7倍墙厚时称为短肢剪力墙;当墙净长小于或等于4倍墙厚时按柱计算。

（8）构造柱：为增加房屋整体稳定性，在内外转角处或相接处，沿墙高度方向从基础到屋顶浇筑在墙中的柱子。通常先把柱两侧砖墙砌成马牙槎形状，内外两面支模板后，再浇混凝土。如先浇柱后砌墙，则按周长1.2m内现浇矩形柱计算。

（9）楼梯：包括梯段板（在梁式楼梯中包括斜梁）、平台（含平台梁、梯口梁）。上下梯段板之间的空隙叫楼梯井。栏杆扶手另行计算。平台为预制板时，仍按整体现浇楼梯计算（含预制平台板）。

（10）悬臂梁、牛腿：梁的一端固定在柱上或墙内，另一端为自由端。牛腿是在柱子一侧向外凸出以支承梁、屋架的构件。与柱子固定的悬臂梁分别按柱和悬臂梁计算，而牛腿应与柱合并计算。

8.1.2 钢筋工程

钢筋工程也属于实体性项目，其工程内容包括了钢筋制作（包括调直、除锈、下料、弯曲）、绑扎、安装、接头以及运输。钢筋接头主要分为两种，一是焊接，二是机械连接。

（1）钢筋的保护层是指不使钢筋裸露在外面受到侵蚀而必须预留在钢筋外面的混凝土的厚度，常见的保护层厚度如表8-1所示。

（2）钢筋的锚固长度是指为防止受力钢筋从支座的混凝土中滑脱，必须保证受力筋端部在混凝土支座内留有一定长度。

表 8-1　钢筋保护层厚度

构件类别	保护层最小厚度（mm）
墙	15
梁	25
板	15
柱	30

8.2　定额计量与计价

8.2.1　混凝土工程量的计算

混凝土构、配件工程量按设计图示尺寸的体积以立方米为单位计算。

1. 基础的工程量计算

（1）条形基础。

外墙基础：$V_外 = S_外 \times L_{外中}$

内墙基础：$V_内 = S_内 \times L_{内净}$

其中：S 指基础断面的面积；$L_{外中}$ 是外墙基础的长度，一般取中心线长；$L_{内净}$ 是内墙基础的长度，取净长。

说明如下：

①基础与上部结构（墙、柱）的划分，以基础扩大顶面为界。

②有梁式条形基础分两种情况计算，按梁高 h（指基础扩大顶面至梁顶面的高）来划分。

A. 梁高在1.2m以内时，梁与基础混凝土工程量合并计算，套基础子目。

B.梁高超过 1.2m 时,梁与基础混凝土工程量分开计算,其中,基础底板按条形基础项目计算,套基础子目;扩大顶面以上梁部分按混凝土墙项目计算并套用其定额子目。

③接头处体积按下式计算,参照图 8-2。

$$V=l\times[bh_1/2+(B-b)\times h_1/3]$$

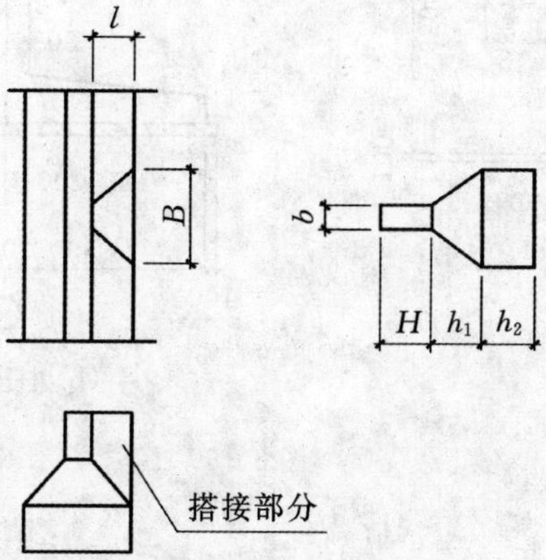

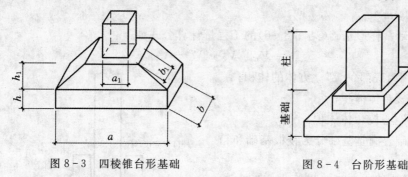

图 8-2 条形基础 T 形接头处图形

(2)独立基础。根据独立基础常见形状(见图 8-3、图 8-4)以体积计算。

图 8-3 四棱锥台形基础　　　　图 8-4 台阶形基础

台阶形独立基础的工程量计算公式为:

$$V=abh+a_1b_1h_1$$

四棱锥台形基础的工程量计算公式为:

$$V=abh+\frac{1}{6}h_1[ab+(a+a_1)(b+b_1)+ab_1]$$

式中:abh 为长方体体积;

$\frac{1}{6}h_1[ab+(a+a_1)(b+b_1)+ab_1]$ 为四棱台体积;

a、b 分别为长方体边长;

h 为长方体高度;

a_1、b_1 分别为四棱台上口的边长;

h_1 为四棱台的高度。

【例 8－1】计算如图 8－5 所示现浇钢筋混凝土独立柱基工程量。

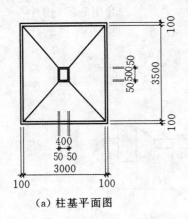

(a) 柱基平面图

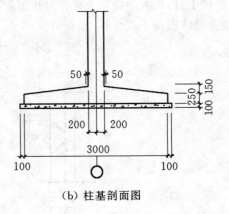

(b) 柱基剖面图

图 8－5

解：$V = abh + \frac{1}{6}h_1[ab + (a+a_1)(b+b_1) + a_1b_1]$

$= 3.0 \times 3.5 \times 0.25 + \frac{1}{6} \times 0.15 \times [3.0 \times 3.5 + (3.0+0.40) \times (3.5+0.50) + 0.40 \times 0.50]$

$= 3.23(\text{m}^3)$

(3)杯形基础。杯形基础(见图 8－6)的工程量计算公式如下：

$$V = V_1 + V_2 + V_3 - V_4$$

式中：V_1、V_3 分别为底部、上部立方体的体积；

V_2 为中部棱台体体积；

V_4 为杯口空心棱台体体积。

(4)满堂基础。满堂基础分为筏板基础和箱形基础。

①筏板基础按构造不同可分为平板式(见图 8－7)和梁板式(见图 8－8)两种基础形式，其混凝土工程量根据图示尺寸以立方米计算。

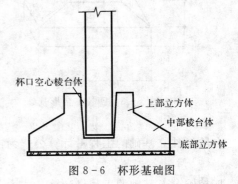

图 8－6 杯形基础图

梁板式满堂基础工程量在计算时按梁高是否超过 1.2m 来划分，可有以下两种计算方法：

A. 梁高小于等于 1.2m 时，梁板式满堂基础混凝土工程量＝梁的混凝土量＋基础底板的混凝土量，套有梁式满堂基础子目。

B. 梁高大于 1.2m 时，梁板式满堂基础中梁的混凝土量和底板的混凝土量要分别计算，其中梁的混凝土量套混凝土墙子目，底板的混凝土量套无梁式满堂基础子目。

②箱形基础一般由顶板、底板及若干纵横隔墙组成，分别套用相对应的定额子目。

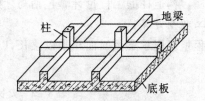

图8-7 平板式筏板基础　　　图8-8 梁板式筏板基础

2.柱的工程量计算

柱的工程量按柱的实际体积以立方米为计量单位计算。其计算公式为：

$$V＝柱的断面积×柱高$$

说明如下：

①柱高。柱高的确定参照表8-2和图8-9。

表8-2 柱高的确定

项目名称	计算高度
有梁板中的柱	每层柱高由楼板顶面算至上一层楼板顶面
无梁板中的柱	每层柱高由楼板顶面算至柱帽下边沿
框架柱	由基础顶面算至顶层柱顶
构造柱	由基础顶面算至顶层圈梁底或女儿墙压顶下口,按全高计算

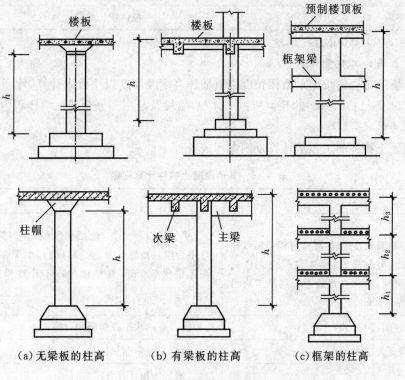

（a）无梁板的柱高　　（b）有梁板的柱高　　（c）框架的柱高

图8-9 柱高示意图

②构造柱。构造柱的工程量计算包括马牙槎的体积。

3. 梁的工程量计算

梁的工程量按图示梁截面面积乘以梁长,以立方米计算。其中,梁长参照表8-3的规定进行确定。

表8-3 梁长的计算规定

项目名称	计算长度
梁端与柱连接	算至柱侧面
梁端与主梁连接	算至主梁侧面
梁端伸入墙内	算至伸入墙内梁头和现浇梁垫
过梁	等于洞口宽度加上500mm,圈梁代过梁时,分别列项计算
独立悬臂梁(压在墙内)	等于悬臂长度加上压在墙内长度

4. 板的工程量计算

板的工程量为板面积乘以板厚,以立方米计算。计算规定参照表8-4。

表8-4 钢筋混凝土板的计算规定

项目名称	计算体积
有梁板	板体积+梁(含主、次梁)
无梁板	板体积+柱帽体积
平板	板体积

注:表内板体积均包括伸进墙内板头,柱与有梁板交接时,应扣除柱所占体积。

5. 混凝土墙的工程量计算

混凝土墙的工程量按图示墙体长度乘以墙体高度及厚度以立方米计算,计算工程量时,应扣除门窗洞口及大于$0.3m^2$的孔洞所占的体积,墙垛及凸出部分合并入墙体积内计算。

6. 其他构件

其他混凝土构件的工程量计算规则参考表8-5。

表8-5 其他混凝土构件计算规定

项目名称	计算规则
整体现浇楼梯 注:楼梯与楼层面相连接时,楼梯与楼层面以楼口梁内侧边沿为分界线(梯口梁包含在楼梯内);无梯口梁时,楼梯算至最上一层踏步边沿向楼层面内加300mm	按水平投影面积计算,包括梯段板(含斜梁)、中间平台(含平台梁)、楼层平台(含梯口梁)、小于300mm宽梯井(圆弧楼梯500mm直径梯井);不计算伸入墙内的梁、板头
阳台、雨篷、遮阳板	按伸出墙外的水平投影面积计算
现浇栏板(高度大于30cm)	按外侧垂直投影面积计算
现浇池、槽	按池、槽实体积计算
现浇台阶	按水平投影面积计算,算至台阶顶面边沿加300mm

【例 8-2】计算如图 8-10 所示的现浇钢筋混凝土悬挑构件的混凝土工程量,雨篷的总长度为 3.0m。

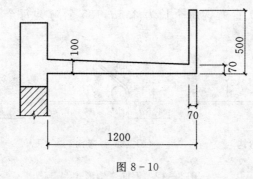

图 8-10

分析:判断其弯起沿高度是否超过 30cm。其中,全高为 500 mm,雨篷板外边沿厚70 mm;弯起沿高度为 500-70=430(mm),大于 300 mm。所以,雨篷和弯起沿的混凝土工程量应分别计算,并套用各自对应的定额子目。

解:现浇雨篷板的混凝土工程量:$S=3.0\times1.2=3.6(m^2)$,套用雨篷子目。

现浇栏板的混凝土工程量(弯起沿全高混凝土量):$S=0.5\times3.0=1.5(m^2)$,套用栏板子目。

8.2.2　钢筋工程量的计算

1. 工程量计算规则

(1)钢筋工程量＝钢筋中心线长度×每米长钢筋重量,其中,每米长钢筋重量＝$0.006165d^2$;d 为钢筋直径,单位为 mm。

(2)钢筋接头的工程量计算时,电渣压力焊、锥螺纹套筒、直螺纹套筒、冷压套筒连接均以接头个数计算。

(3)铁件的工程量计算,按图示尺寸以毛件重量计,不扣除刨光、车丝、钻眼等重量。

2. 钢筋长度的计算

钢筋长度的计算如图 8-11 所示,其计算公式如下:

$$纵向钢筋长度＝构件支座间净长度＋应增加钢筋长度$$

式中,应增加钢筋长度包括钢筋的锚固长度、钢筋弯钩长度、弯起钢筋增加长度及钢筋接头的搭接长度。

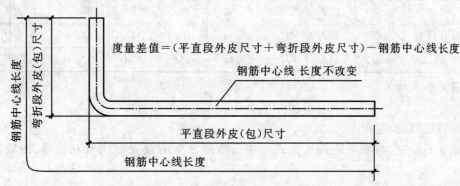

图 8-11　钢筋长度的计算示意图

①钢筋弯钩长度的确定与弯钩形式有关。常见的弯钩形式有三种:半圆弯钩、直弯钩、斜弯钩。当一级钢筋的末端作180°、90°、135°三种弯钩时,各种弯钩长度如图 8-12 所示,180°半圆弯钩每个长为 $6.25d$,90°直弯钩每个长为 $3.5d$,135°斜弯钩每个长为 $4.9d$,d 为钢筋的直径。

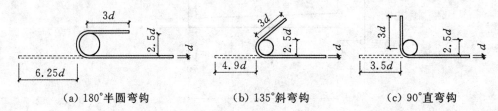

（a）180°半圆弯钩　　　　　（b）135°斜弯钩　　　　　（c）90°直弯钩

图 8-12　钢筋弯钩形式

②设计规定钢筋搭接长度的,按规定搭接长度计算;设计未规定搭接长度的,已包括在钢筋的损耗率之内,不另计算搭接长度。机械连接的以个数计算。

③钢筋的锚固长度参照表 8-6 和表 8-7。

表 8-6　受拉钢筋的最小锚固长度 l_a

钢筋种类	混凝土强度等级									
	C20		C25		C30		C35		≥C40	
	$d \leqslant 25$	$d > 25$	$d \leqslant 25$	$d > 25$	$d \leqslant 25$	$d \leqslant 25$	$d > 25$	$d \leqslant 25$	$d > 25$	$d \leqslant 25$
HPB300	$31d$	$31d$	$27d$	$27d$	$24d$	$24d$	$22d$	$22d$	$20d$	$20d$
HRB335	$39d$	$42d$	$34d$	$37d$	$30d$	$33d$	$27d$	$30d$	$25d$	$27d$
HRB400	$46d$	$51d$	$40d$	$44d$	$36d$	$39d$	$33d$	$36d$	$30d$	$33d$

注:1.当钢筋在混凝土施工过程中易受扰动(如滑模施工)时,其锚固长度应乘以修正系数 1.1。

　　2.在任何情况下,锚固长度不得小于 250mm。

　　HPB300 级钢筋受拉时,其末端应做成 180°弯钩,弯钩平直段长度不应小于 $3d$;当受压时,可不做弯钩。

表 8-7　纵向受拉钢筋抗震最小锚固长度 l_{aE}

钢筋种类	一、二级抗震等级					三级抗震等级				
	C20	C25	C30	C35	≥C40	C20	C25	C30	C35	≥C40
HPB300	$(35d)$	$(31d)$	$27d$	$25d$	$23d$	$32d$	$28d$	$25d$	$23d$	$21d$
HRB335	$(44d)$	$(38d)$	$34d$	$31d$	$29d$	$40d$	$34d$	$31d$	$28d$	$26d$
HRB400	$(53d)$	$(46d)$	$41d$	$37d$	$34d$	$48d$	$42d$	$37d$	$34d$	$31d$

3.箍筋长度计算

箍筋长度=单根箍筋长度×箍筋个数

（1）单根箍筋长度。

单根箍筋长度,与箍筋的设置形式有关。箍筋常见的设置形式有双肢箍、四肢箍及螺旋箍。

①双肢箍。

双肢箍长度＝构件周长－8×混凝土保护层厚度＋箍筋两个弯钩增加长度

②四肢箍。四肢箍即四个双肢箍,其长度与构件纵向钢筋根数及其排列有关。如当纵向钢筋一侧为四根时,可按下式计算:

四肢箍长度＝一个双肢箍长度×2

＝{[(构件宽度－两端保护层厚度)×2/3＋构件高度－两端保护层厚度]×2＋箍筋两个弯钩增加长度}×2

③螺旋箍。

$$螺旋箍长度＝\sqrt{(螺距)^2＋(\pi×螺旋直径)^2}$$

(2)箍筋根数计算。箍筋根数的多少与构件的长短及箍筋的间距有关。箍筋即可等间距设置,也可在局部范围内加密。无论采用何种设置方式,计算方法是一样的,其计算式可表示为:

箍筋根数＝箍筋设置区域的长度/箍筋设置的间距＋1

当箍筋在构件中等间距设置时,

箍筋设置区域的长度＝构件长度－两端保护层厚度

【例 8-3】 计算图 8-13 所示现浇钢筋混凝土板的混凝土及钢筋工程量,已知板四周与梁相连,板厚 $h＝110$ mm,板上部分布钢筋为 $\phi6.5@200$。

解:(1)板的混凝土工程量为(5.1＋0.12×2)×(4.2＋0.12×2)×0.11＝2.61(m³)

(2)板中钢筋长度计算。

Ⅰ.①号钢筋($\phi10@150$)

钢筋根数 $n＝(4.2－0.24－0.05×2)÷0.15＋1＝26.7$ 根,取 27 根

钢筋单根长 $l＝5.1＋2×6.25×0.01＝5.225$(m)

①号钢筋总长度＝钢筋根数×钢筋单根长＝27×5.225＝141.08(m)

Ⅱ.②号钢筋($\phi10@180$)

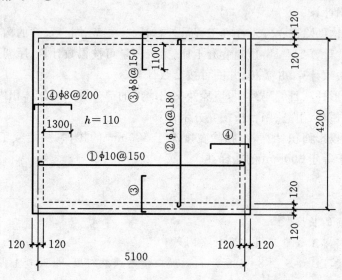

图 8-13

钢筋根数 $n=(5.1-0.24-0.05×2)÷0.18+1=27.4$ 根,取 28 根

钢筋单根长 $l=4.2+2×6.25×0.01=4.325(m)$

②号钢筋总长度=钢筋根数×钢筋单根长=$28×4.325=121.1(m)$

Ⅲ. ③号钢筋($\phi8@150$)

钢筋根数 $n=(5.1-0.24-0.05×2)÷0.15+1=32.7$ 根,取 33 根

钢筋单根长 $l=1.1+2×(0.11-0.015×2)+(0.24-0.015)=1.485(m)$

③号钢筋总长度=钢筋根数×钢筋单根长 =$2×33×1.485=98.01(m)$

Ⅳ. ④号钢筋($\phi8@200$)

钢筋根数 $n=(4.2-0.24-0.05×2)÷0.2+1=20.3$(根),取 21 根

钢筋单根长 $l=1.3+2×(0.11-0.015)+(0.24-0.015)=1.715(m)$

④号钢筋总长度=钢筋根数×钢筋单根长=$2×21×1.715=72.03(m)$

Ⅴ. 分布筋($\phi6.5@200$)

在③号钢筋上,可排放 $1.1÷0.2=5.5$(根),取 6 根

单根长 $l=5.1m$,在③号钢筋上分布筋总长度为:$2×5.1×6=61.2(m)$

在④号钢筋上,可排放 $1.3÷0.2=6.5$(根),取 7 根

单根长 $l=4.2m$,在④号钢筋上分布筋总长度为:$2×4.2×7=58.8(m)$

(3)钢筋质量及钢筋损耗量计算(略)。

8.3 工程量清单计量与计价

本部分定额计量规则与清单计算规则基本相同,因此,本节不作详细分析,只对两者有差异的地方作简单说明。

(1)现浇混凝土其他构件,包括小型池槽、压顶、扶手、垫块、台阶、门框等,既可以按立方米计算,也可以按平方米或延长米计算,如扶手、压顶可按延长米计算,但应注明其断面尺寸;台阶应按水平投影面积计算。

(2)预制混凝土构件除按立方米计算工程量外,如同一类型、同一尺寸的构件数量较多时,还可以"数量"为单位计算工程量:预制混凝土柱、梁工程量可按根数计算;屋架可按榀数计算;预制混凝土板可按块数计算;井盖板、井圈可按套数计算。

(3)构造柱按矩形柱项目编码列项,墙垛及突出墙面的部分并入墙体体积内计算。

(4)现浇混凝土栏板、雨篷、阳台板按立方米计算。

(5)楼梯以水平投影面积计算,不扣除宽度小于 500mm 的楼梯井;定额工程量计算规则中为不扣除宽度小于等于 300mm 的楼梯井。

 思考与练习

1.如何计算箍筋的长度?

2.在计算圈梁清单工程量时应注意什么问题?

3.某工程楼梯梁 TL 如题图 8-1 所示。梁纵向钢筋通长布置,梁混凝土保护层 25mm。

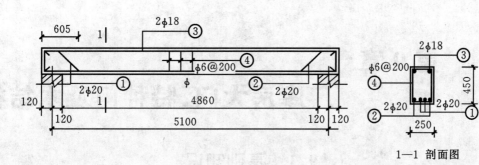

题图 8-1

问题：计算该梁钢筋的重量，并将相关内容填入题表 8-1 相应栏目中。

题表 8-1 钢筋重量表

构件名称	钢筋编号	简图	直径	计算长度/mm	合计根数	合计重量/kg
TL	①					
	②					
	③					
	④					

第9章
厂库房大门、特种门及木结构

9.1 基础知识

1. 厂库房大门

厂库房大门,按其使用材料不同可分为木板大门、钢木大门及全钢板大门三种类型。木板大门是指平开、推拉、带采光窗、不带采光窗等各种类型木板大门;钢木大门是指防风型、保暖型、平开、推拉等各种类型的钢木大门;全钢板门是指厂库房的平开、推拉、折叠等各种类型全钢板门。

2. 特种门

特种门是指具有某种特殊使用功能的门。特种门的种类很多,如冷藏库门、冷藏冻结门、防火门、保温门、变电室门、折叠门、防射线门、密闭钢门等。

3. 木屋架、钢木屋架

木屋架是指全部杆件均采用如方木或圆木等木材制作的屋架。

钢木屋架是指受压杆件如上弦杆及斜杆均采用木材制作,受拉杆件如下弦杆及拉杆均采用钢材制作,拉杆一般用圆钢材料,下弦杆可以采用圆钢或型钢材料的屋架。屋架中的其他木结构如博风板、大刀头、封檐板、挑檐木、马尾、折角、正交屋架、檩条、椽子(橡条)、挂瓦条如图9-1所示。

4. 毛料、净料、断面

毛料是指圆木经过加工而没有刨光的各种规格的锯材。

净料是指圆木经过加工刨光而符合设计尺寸要求的锯材。

断面是指材料的横截面,即按材料长度垂直方向剖切而得的截面。

9.2 定额计量与计价

9.2.1 定额说明

本部分子目中除木扶手为三、四类木种外,均为一、二类木种。如采用三、四类木种时分别乘以下列系数:木门窗制作的人工工日及机械台班乘以系数1.3;木门窗安装的人工工日乘以系数1.16;其他子目的人工工日和机械台班乘以1.35。

本部分子目中的木材断面或厚度均为毛料,如设计所注明的断面或厚度为净料时,应增加5%的刨光损耗;板方材一面刨光加3mm,两面刨光加5mm;圆木构件每立方米体积增加0.05m³的刨光损耗。

9.2.2 定额计量与计价规则

(1)门窗工程量的计算。

各类木门窗、厂库房门、特种门的制作、安装工程量均按门窗洞口尺寸面积以平方米计算,门亮子按所在门的洞口面积计算。

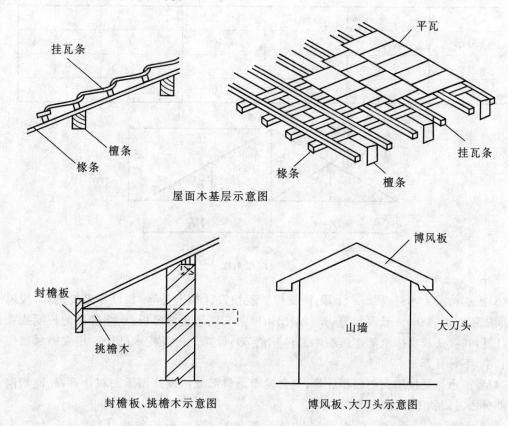

图 9-1　屋架结构示意图

【**例 9-1**】定额工程量计算规则中,厂库房大门、特种门制作、安装工程量按(　　　)计算。

A. 樘　　　　B. 门洞口面积　　　　C. 门尺寸面积　　　　D. 两者皆可

答案:B

(2)木屋架的制作安装工程量的计算。

木屋架制作安装均按设计断面面积及长度,按照竣工木料体积以立方米计算。其计算公式如下:

$$木屋架制作、安装工程量 = \sum (设计毛料截面尺寸 \times 杆件计算长度)$$

其中,定额内已含后备长度和损耗,但应增加与屋架相连的挑檐木、支撑(圆木屋架时,方木乘 1.70 折合圆木体积)、气楼小屋架、马尾、折角、正交半屋架的体积。总结一下,可表示为:

$$竣工木料 = 屋架 + 挑檐木 + 支撑 + 各类附属屋架$$

不计算部分包括夹板、垫木、钢杆、铁件、螺栓;另外,杆件计算长度可表示为:

$$杆件计算长度 = 半跨长 A \times 坡度系数$$

半跨长及坡度系数参照表 9-1、图 9-2。

表 9-1 坡度系数表

坡度	角度	上弦杆 C①	高度 B②	③	④
4分水	21°48′	1.077	0.40	0.538	0.20
5分水	26°34′	1.118	0.50	0.56	0.25
6分水	30°58′	1.166	0.60	0.583	0.30

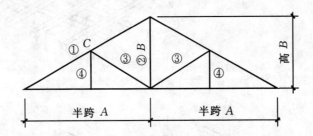

图 9-2 屋架坡度系数示意图

（3）檩木按竣工木料以"m³"计算，简支檩长度按设计规定计算，如设计无规定者，按屋架或山墙中距增加 200mm 长度计算，如两端出山檩条长度算至博风板，连续檩条的长度按设计长度计算，其接头长度按全部连续檩木总体积的 5% 计算。檩条托木已计入相应檩木制作安装子目中，不另计算。

（4）屋面木基层按屋面斜面积计算，天窗挑檐重叠部分按设计图示面积计算，屋面烟囱及斜沟部分所占面积不扣除。

（5）封檐板按图示沿口外围长度以延长米计算，博风板按斜长计算，每个大刀头增加 500mm。

（6）木楼梯按木楼梯水平投影面积以平方米计算，其踢脚、平台和伸入墙内部分，不另计算；但楼梯扶手、栏杆应另行计算，不扣除宽度小于 300mm 的楼梯井。

【例 9-2】已知一圆木屋架跨度 10m，上弦、下弦、竖杆、斜杆合计木料体积（刨光净料）为 0.458m³，屋架两端各有一挑檐木，净料规格为 150mm×150mm×900mm，试计算该木屋架工程量及直接工程费。

解：（1）圆木屋架上弦、下弦、竖杆、斜杆毛料体积为：0.458×1.05＝0.481（m³）

（2）挑檐木方木折合圆木毛料体积为：

(0.15＋0.005)×(0.15＋0.005)×0.9×2×1.7＝0.074（m³）

（3）木屋架工程量为：0.481＋0.074＝0.555（m³）

（4）直接工程费为：套陕西定额 7-76，园林层架，跨度（10m）以内。

定额基价＝2668.89 元/m³

直接工程费＝2668.89×0.555＝1481.22（元）

9.3　工程量清单计量与计价

1.厂库房大门、特种门（编码 010501）

木板大门、钢木大门、全钢板大门、特种门、围墙铁丝门项目的制作、安装、运输等工程量均以"樘"或"m²"为计量单位,按设计图示数量或设计图示洞口尺寸面积以平方米计算。

2. 木屋架(编码 010502)

木屋架、钢木屋架项目的制作、安装、运输等工程量均以"榀"为计量单位,按设计图示数量计算。屋架的跨度应以上、下弦中心线两交点之间的距离计算。

3. 木构件(编码:010503)

(1)"木柱"、"木梁"项目的制作、安装、运输等工程量按设计图示尺寸体积计算。

(2)"木楼梯"项目的制作、安装、运输等工程量按设计图示尺寸水平投影面积计算。不扣除宽度小于 300mm 的楼梯井,伸入墙内部分不计算。木楼梯的栏杆(栏板)、扶手,应按"装饰装修工程"中相关项目编码列项。

(3)"其他木构件"项目的制作、安装、运输等工程量按设计图示尺寸体积或长度计算。"其他木构件"项目适用于斜撑、传统民居的垂花、花芽子、封檐板、博风板等构件。应注意封檐板、博风板工程量按延长米计算;博风板带大刀头时,每个大刀头增加长度 500mm。

【例 9-3】某厂房设计采用杉木大门 1M1824,10 樘,油"一底二面"调和漆。试编制此厂房门的工程量清单。

解:编制工程量清单见表 9-2。

表 9-2 分部分项工程量清单表

序号	项目编码	项目名称	计量单位	工程数量
1	010501001001	木板大门浙 J3-93 图集 1M,平开、无框、双扇、杉木大门,刷底油一遍、调和漆两遍,门扇尺寸:1.85×2.42=4.48(m²),每樘门油漆面积:4.477×1.1=4.93(m²)	樘	10

 思考与练习

1. 已知某工程有 M1,M2,M3 三种门。其中:M1 为镶板门带亮带纱,规格为 900mm×2700mm,框设计断面 60mm×120mm,共 16 樘,定额框断面 60mm×120mm,门框定额用量为一等木方 2.817m³/100m²,基价为 3189.85 元/100m²;M2 为无纱胶合板门,规格为 900mm×2700mm,框设计断面 60mm×80mm,共 34 樘,定额框断面 60mm×100mm,门框定额用木料 2.483m³/100m²,基价 2845.65 元/100m²;M3 为无纱半截玻璃门,规格为 1500mm×2700mm,框设计断面 60mm×95mm,共 2 樘,定额框断面 60mm×100mm,门框定额用木料 1.64m³/100m²,基价 1892.20 元/100m²。

试求该工程的直接费。

第 10 章

金属结构工程

10.1 基础知识

10.1.1 钢材类型及其表示法

1. 圆钢

圆钢断面呈圆形，一般用直径"d"表示。

2. 方钢

方钢断面呈正方形，一般用边长"a"表示。

3. 角钢

(1)等边角钢。等边角钢的断面呈"L"形，角钢的两肢宽度相等，一般用 $Lb \times d$ 表示。

(2)不等边角钢。不等边角钢的断面呈"L"形，角钢两肢宽度不相等，一般用 $LB \times b \times d$ 表示。

4. 槽钢

槽钢的断面呈"["形，一般用型号表示，同一型号的槽钢其宽度和厚度均有差别，分别用 a、b、c 表示。

5. 工字钢

工字钢断面呈工字形，一般用型号表示，同一型号的工字钢其宽度和厚度均有差别，分别用 a、b、c 表示。

6. 钢板

钢板一般用厚度来表示，符号为"$-\delta$"，其中"—"为钢板代号，δ 为板厚。

7. 扁钢

扁钢为长条式钢板，一般宽度均有统一标准，它的表示方法为"$-a \times \delta$"，其中"—"表示钢板，a 表示钢板宽度，δ 表示钢板厚度。

8. 钢管

钢管的一般表示方法用"$\phi D \times t \times l$"来表示。

10.1.2 钢材理论重量的计算方法

1. 各种规格型钢的计算

各种型钢包括等边角钢、不等边角钢、槽钢、工字钢等，每米理论重量均可从型钢表中查得。

2. 钢板的计算

钢材的比重为 7850kg/m^3、7.85g/cm^3。

1mm 厚钢板每平方米重量为 $7850 \text{kg/m}^3 \times 0.001 \text{m} = 7.85 \text{kg/m}^2$。

计算不同厚度钢板时其每平方米理论重量为 $7.85 \text{kg/m}^2 \times \delta$（$\delta$ 为钢板厚度）。

3. 扁钢、钢带的计算

计算不同厚度扁钢、钢带时其每米理论重量为 $0.00785 \times a \times \delta$（$a$、$\delta$ 为扁钢宽度及厚度）。

4. 方钢的计算

$$G = 0.00617 \times a^2 \text{（}a \text{ 为方钢的边长）}$$

5. 圆钢的计算

$$G = 0.00617 \times d^2 \text{（}d \text{ 为圆钢的直径）}$$

6. 钢管的计算

$$G = 0.02466 \times \delta \times (D - \delta) \text{（}\delta \text{ 为钢管的壁厚，}D \text{ 为钢管的外径）}$$

以上公式中，G 为每米长度的重量，计算单位为 kg/m；其他计算单位均为 mm。

10.2　定额计量与计价

(1)金属构件制作工程量，按设计图纸的全部钢材几何尺寸以吨计算，不扣除孔眼、切边、切肢的重量，焊条、螺栓等重量不另增加。不规则或多边形钢板取其最小外接矩形面积计算重量。

(2)钢平台的工程量，按设计图示尺寸以吨计算；柱、梁、板、斜撑等的重量应并入钢平台重量内计算；依附于钢平台上的钢扶梯及平台栏杆重量，应按相应的制作定额另行列项计算。走道板套钢板钢平台定额。

(3)钢扶梯的工程量，按设计图纸质量以吨计算，工程量应包括梯梁、踏步及依附于楼梯上的扶手、栏杆重量。

(4)型钢栏杆、钢管扶手的工程量应合并计算，套钢管栏杆定额，计量单位为 t。

(5)钢管柱的工程量。其计量单位为 t，柱上的节点板、加强环、内衬管、牛腿等并入钢管柱工程量内。

(6)压型钢板工程量，其计量单位为 m²，按设计图示尺寸的铺设（挂）面积计算。不扣除部分包括：0.3m² 以内孔洞的面积，其中楼板不扣除柱和垛、屋面板不扣风帽底座、风道、屋面小气窗和斜沟所占面积。不增加部分包括屋面小气窗。

(7)制动板的重量并入制动梁计算。

(8)依附在钢柱上的牛腿及悬臂梁等并入钢柱计算。

(9)高层金属构件拼装、安装工程量包括 20m 以下部分。

(10)紧固高强螺栓及剪力栓钉焊接按设计图示及施工组织设计规定以套计算。

【例 10-1】某工程设计有实腹钢柱 10 根，每根重 4.5t，由企业附属加工厂制作，刷防锈漆一遍。试计算实腹钢柱制作工程量及定额直接费。

解：实腹钢柱制作工程量为 $10 \times 4.5 = 45$(t)

套用陕西定额 5-2 可知，定额基价为 6861.06 元/t。

定额直接费为 $45 \times 6861.06 = 308747.70$(元)

【例 10-2】某厂房设计有钢屋架 12 榀，每榀重 1.1t，由现场加工制作而成，刷防锈漆一遍。试计算钢屋架制作工程量及定额直接费。

解：钢屋架制作工程量为 $12 \times 1.1 = 13.2$(t)

套用陕西定额 5-4 可知，定额基价为 6380.74 元/t。

定额直接费为 $13.2 \times 6380.74 = 84225.77$(元)

10.3 工程量清单计量与计价

10.3.1 工程量清单项目设置

金属结构工程清单项目有：钢屋架（编码 010601001）、钢网架（编码 010601002）；钢托架（编码 010602001）、钢桁架（编码 010602002）；钢柱（编码 010603）；钢梁（编码 010604001）；压型钢板楼板（编码 010605001）、墙板（编码 010605002）；钢构件（编码 010606）；金属网（编码 010607001）等项目。

10.3.2 工程量清单计算规则

（1）金属结构清单的工程量按设计图示尺寸以质量计算。不扣除孔眼、切边、切肢的质量，焊条、铆钉、螺栓等不另增加质量，不规则或多边形钢板以其外接矩形面积乘以厚度乘以单位理论质量计算。

（2）依附在钢柱上的牛腿及悬臂梁等并入钢柱工程量内。

（3）钢管柱上的节点板、加强环、内衬管、牛腿等并入钢管柱工程量内。

（4）制动板、制动桁架、车档等并入制动梁工程量内。

（5）压型钢板楼板按设计图示尺寸以铺设水平投影面积计算。不扣除柱、垛及单个 $0.3m^2$ 以内的孔洞所占面积。

（6）压型钢板墙板按设计图示尺寸以铺挂面积计算。不扣除单个 $0.3m^2$ 以内的孔洞所占面积，包角、包边、窗台泛水等不另增加面积。

（7）金属网按设计图示尺寸以面积计算。

 思考与练习

某工厂采用单面平开钢木大门 4 樘，尺寸为 3200mm×3000mm，不安装门锁，木板面刷两遍防火涂料。人工、材料、机械单价参照《陕西省建筑工程价目表》，管理费率取 3.83%，利润率取 3.37%，不考虑风险因素。试编制该厂钢木大门的工程量清单并计算其综合单价。

第 11 章

屋面及防水工程

11.1 基础知识

11.1.1 相关概念

屋顶是房屋最上层覆盖的外围护结构,其主要作用是用以抵御自然界的风、雨、雪以及太阳辐射、气温变化以及其他外界的不利因素,以使屋顶覆盖下的空间达到冬暖、夏凉。因此,屋顶在构造设计时应满足防水、保温、隔热以及隔声、防火等要求。

1. 屋面

(1)屋顶类型。屋顶的形式与房屋的使用功能、屋面盖料、结构选型以及建筑造型要求等有关。常见的屋顶类型有平屋顶、坡屋顶。除此外还有球面、曲面、折面等形式。

(2)屋面形式。屋面按其构造形式分为坡屋面和平屋面。通常我们将坡面大于10%的屋面称为坡屋面,将坡面小于或等于10%的称为平屋面。各种屋面的坡度与屋面材料、地理气候条件、屋顶结构形式、施工方法、构造结合方式、建筑造型要求以及经济等方面的影响有一定关系。

①坡屋面。坡屋顶一般由承重结构和屋面两部分组成,必要时还要有保温层、隔热层及顶棚等。承重结构主要是承受屋面荷载并把它传递到墙或柱上,一般有椽子、檩条、屋架或大梁等。屋面是屋顶的上覆盖层,直接承受风雨、冰冻和太阳辐射等大自然气候的作用,它包括屋面盖料和基层(如挂瓦条、屋面板等)。

②平屋面。平屋面是较常见的一种屋顶形式,其屋面平坦,主要由承重层、屋面层和顶棚层组成。承重层的作用是承受屋顶荷载并将其荷载传给墙或柱,一般采用钢筋混凝土梁板。屋面层主要指防水层。目前由于地理环境、气候条件、使用物质等方面要求,还需设置保温层、隔热层、隔气层、找平层、结合层等。顶棚层的做法与楼板层顶棚的做法基本相同。

2. 防水工程

防水工程按部位分为屋面、墙面、地面。

(1)屋面防水。

①平屋面防水。

A.柔性防水屋面,主要是将柔性防水卷材和沥青胶结材料分层胶合组成防水层的屋面。其防水层具有一定的延伸性,有利于适应直接暴露在大气层的屋面和结构的温度变形,故称柔性防水层面,亦称卷材防水层面。目前使用的卷材品种已有较大发展,除沥青卷材外,还有近年来研制的多种化学高分子防水材料。

B.刚性防水屋面,是以防水砂浆抹面或密实混凝土浇捣而成的刚性材料屋面防水层。其主要优点是施工方便、节约材料、造价经济和维修较为方便。其缺点是对温度变化和结构变形较为敏感,施工技术要求较高,较易产生裂缝而渗水,要采取止水的构造措施。

C.涂料防水屋面,又称涂膜防水屋面,是在屋面表层涂一定厚度的高分子防水涂料,形成一层满铺的不透水薄膜层,以达到屋面的防水目的。涂料按照稠度分为薄质涂料和厚质涂料两种类型。

D. 檐沟。在有组织排水中,平屋面的檐口处,通常设置钢筋混凝土檐沟,在檐沟上面做炉渣及 1:3 水泥砂浆找坡、找平层,而后再做油毡防水层。檐沟的油毡防水层与屋面的油毡防水层应连成一体,防水层在沟壁处应向上伸至沟壁的顶面。在有女儿墙的檐口处,檐沟设在女儿墙的内侧,并在女儿墙上每隔一段距离设置雨水口,使水流入雨水管中。

E. 雨水口。在檐沟与水落管交接处,一般放置雨水口,雨水口通常为铸铁成品,也可以用 24♯ 或 26♯ 镀锌铁皮制作。若采用铸铁水落管时,应配套采用铸铁雨水口。雨水口上面应加帽,以防杂物堵塞。

F. 水落管及水斗。水落管可用镀锌铁皮、铸铁或 PVC 塑料制成。水落管上端连接在檐沟上,或与水斗的下口相连,下端向墙外倾斜,距室外地坪 200mm。

G. 泛水。在平屋顶中,凡突出屋面的结构物,如女儿墙、伸缩缝、高低屋面、烟囱、管道以及检查孔等,与屋面交接处都必须做泛水。为了保证泛水不受损坏,可增加一层镀锌铁皮盖缝;也可用挑砖保护。

②坡屋面。坡屋面多以各种小块瓦为防水材料,按照屋面瓦品种不同可分为平瓦屋面、石棉水泥瓦屋面、青瓦屋面、筒瓦屋面、玻璃钢波形瓦屋面、铁皮屋面等。

A. 机制平瓦屋面。一般常用的机制平瓦为粘土平瓦、水泥平瓦等,是将屋面瓦直接铺挂在屋面板或椽子的挂瓦条上,屋脊部分用 1:2 水泥砂浆砌筑脊瓦。屋面坡度不应小于 1:4。

B. 石棉瓦屋面(玻璃钢瓦屋面)。石棉瓦屋面所用的波形瓦,分大波、中波、小波三类,波形石棉瓦可直接钉在檩条上,或在檩条上铺放一层钢丝板网再铺瓦,屋脊处盖脊瓦。

坡屋面除自身排水构造外,还设置一些其他的屋面排水设施来协同排水,这种屋面排水形式称有组织排水;有些简陋房屋,雨水由屋檐自由排水,而不设置排水设施者,称无组织排水。坡屋顶的排水设施主要有檐沟、天沟、天斗、水落管以及各种泛水等。

(2)墙面防水。墙面防水是设置在地表以下的建筑物的侧壁,如地下室墙、水池侧壁等。较常见的一面,即地下室墙身的内表面,这使施工方便,便于维修,但对防水不太有利,故多用于修缮工程。

(3)地面防水。地面防水是指设置在建筑物楼层水平面侧壁墙面一定高度的防水,如卫生间、盥洗间、浴室等。

3. 变形缝

建筑物的长度超过规定,平面形状比较复杂,同一建筑物由于高温或荷载差别很大,由于温度的变化,地基不均匀沉降或因地震等原因,建筑构件会产生变形而引起建筑物发生裂缝或破坏。为了避免建筑物发生裂缝或破坏,设计时将超长或层数不同的建筑物用垂直、水平的缝分割为几个单独部分,使之能独立变形。这种将建筑物分开的垂直、水平缝称为变形缝。变形缝根据其功能的不同,可分为伸缩缝、沉降缝和抗震缝三种。

(1)伸缩缝。当建筑构件因受温度热胀冷缩变化的影响时,构件内的温度应力会引起建筑结构产生裂缝或破坏。为了防止建筑结构产生裂缝或破坏而设置的缝,称为伸缩缝。因为是受温度变化影响而设置的缝,所以也称温度缝或温度伸缩缝。

(2)沉降缝。建筑物各部分由于地基不均匀沉降,引起建筑物产生裂缝或破坏,为了防止产生这种裂缝或破坏而设置的缝,称为沉降缝。

沉降缝与伸缩缝最大的区别在于伸缩缝只需保证建筑物在水平方向的自由伸缩变形,而沉降缝主要应满足建筑各部分在垂直方向的自由沉降变形,故应将建筑物从基础到屋顶全部断开。同时沉降缝也应兼顾伸缩缝的作用,故在构造设计时应满足伸缩和沉降双重要求。

当地下室出现变形缝时,为使变形缝处能保持良好的防水性,必须做好地下室墙身及地板层的防水构造,其措施是结构施工时在变形缝处预埋止水带。

(3)抗震缝。在地震区造房屋,必须充分考虑地震对建筑造成的影响。为此我国制定了相应的建筑抗震设计规范。对多层的砌体房屋,应优先采用横墙承重或纵横墙混合承重的结构体系,在设防烈度在 8 度和 9 度地区,有下列情况之一时宜设抗震缝:建筑立面高差在 6 米以上;建筑有错层且错层楼板高差较大;建筑物相邻各部分结构刚度、质量截然不同。

抗震缝应与伸缩缝、沉降缝统一布置,并满足抗震缝的设计要求,一般情况下,抗震缝基础可不分开。在平面复杂的建筑中,或建筑相邻部分刚度差别很大时,需将基础分开。

11.2　定额计量与计价

11.2.1　定额项目设置及说明

在屋面及防水分部工程中主要包括以下内容:

(1)本部分定额共包括三部分 129 个项目,补充定额 19 个项目,主要包括屋面工程屋面瓦屋面、金属压型板屋面("9-1"~"9-22"),卷材屋面防水、涂膜屋面防水("9-23"~"9-46"),其他("9-57"~"9-73"),墙地面防水卷材防水、涂膜防水("9-74"~"9-113"),补充定额("B9-1"~"B9-19")中的筏板防水、外墙外保温等。

(2)本部分消耗量定额和第 12 章"防腐、保温隔热工程"定额对应于清单《计价规则》"A.7 屋面及防水工程"和"A.8 防腐、隔热、保温工程"。

(3)熟悉本部分以下定额说明:屋面子目均为单项子目,防水层和保温层未综合其他内容。隔气层(防水层)、找平层、隔离层、保护层等另外考虑。(找平层在陕西省定额第八章、保护层在陕西省定额第十章)。

(4)掌握屋面构造,了解工程量清单的内容。

①一般情况下,防水层清单计价时应包括防水层、找平层、隔离层和保护层等计价内容。

②找坡层清单有可能包括找坡层、隔气层、找平层。

③保温层清单一般只包括一个子目(单项子目)。

④屋面排水清单计价时应包括排水管、水斗和水落口等内容。

(5)墙地面防水。楼地面防水、墙面防水执行陕西省定额第九章子目(平面、立面);基础底板下层防水执行补充定额。

(6)墙地面防水清单计价时应包括找平层、防水层和保护层。

11.2.2　主要项目工程量计算

1.屋面防水

(1)卷材和涂膜防水层:按整个屋面的水平投影面积计算(包括女儿墙及挑檐栏板),女儿墙和挑檐栏板内侧弯起部分的面积并入防水层内(即定额工程量同清单工程量)。

定额工程量＝清单工程量

弯起部分面积＝长度×高度　(高度无详图时,可按 0.3m 计算)

（2）防水层下设找平层时，定额执行《陕西省建筑装饰工程消耗量定额》第八章子目，其工程量同防水层的工程量。

（3）防水层上的保护层一般执行《陕西省建筑装饰工程消耗量定额》第十章或第八章子目，其工程量一般只计算水平面积。

2.屋面排水管

（1）排水管按长度计算（同工程量清单计价规则）。

（2）水斗、出水口等需按设计图纸重新按个（塑料制品）或套（铸铁制品）或按平方米（铁皮排水）计算。

3.地面、墙面防水

（1）楼地面防水清单（不管是单列还是合并在楼地面中）都是按室内的净面积计算。找平层工程量同防水层、保护层的工程量一般只算水平面积。

（2）基础底板、墙面卷材和涂膜防水层清单，计价时其内容应包括找平层、防水层和保护层，其工程量计算同清单项目工程量。

4.变形缝和止水带

变形缝和止水带的工程量按设计图示尺寸以长度以米计算。

5.工程量计算规则

（1）小波大波石棉瓦、玻纤增强聚酯波纹瓦、彩色水泥瓦及粘土平瓦屋面工程量，均按铺瓦部分水平投影面积乘该部分屋面坡度系数（见表 11-1 和图 11-1）以"m^2"计算。不扣除斜天沟、屋面小气窗和单个出屋面面积小于或等于 $0.10m^2$ 物件所占面积，但屋面小气窗的出檐部分亦不增加。

表 11-1 屋面坡度系数表　　（条件：$A=B=1$ 之 C、E 值）

坡度		夹角 θ	系数 C	系数 E	坡度		夹角 θ	系数 C	系数 E
H/A	$H:A$				H/A	$H:A$			
1.000	1：1	45°	1.4142	1.7321	0.333	1：3	18°26′	1.0514	1.4530
0.75		36°52′	1.2500	1.6008	0.300		16°42′	1.0440	1.4457
0.700		35°	1.2208	1.5780	0.250	1：4	14°02′	1.0308	1.4361
0.667	1：1.5	33°42′	1.2019	1.5635	0.200	1：5	11°19′	1.0198	1.4283
0.650		33°01′	1.1927	1.5564	0.167	1：6	9°28′	1.0138	1.4240
0.600		30°58′	1.1662	1.5362	0.150		8°32′	1.0112	1.4221
0.577		30°	1.1547	1.5275	0.125	1：8	7°08′	1.0078	1.4197
0.550		28°49′	1.1413	1.5174	0.100	1：10	5°42′	1.0050	1.4177
0.500	1：2	26°34′	1.1190	1.5000	0.083	1：12	4°45′	1.0035	1.4167
0.450		24°14′	1.0966	1.4841	0.067	1：15	3°49′	1.0022	1.4158
0.400	1：2.5	21°48′	1.0770	1.4697					
0.350		19°17′	1.0595	1.4569					

（2）琉璃瓦挑檐（女儿墙）檐口附件和屋面工程量，按铺瓦面积以"m^2"（檐口附件以延米）计算。配合琉璃屋面的各类脊、吻、沟、檐及附件，可按《全国统一房屋修缮工程预算定额陕西

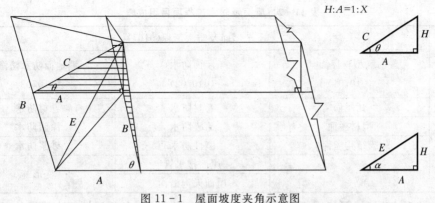

图 11-1　屋面坡度夹角示意图

省价目表(2001年)古建分册(明清)》第四章说明及第五节相关子目计算。

(3)彩钢压型板、彩钢压型夹心板屋面,均按铺设屋面板面积以"m²"计算,不扣除单个出屋面面积小于或等于 0.10m² 所占面积。压型板屋面的檐沟及泛水板可按展开面积计算后并入。压型夹心板屋面的檐沟及泛水板已综合包含在子目中,不再计算工程量。

(4)卷材和涂膜屋面防水层均按设计图示要求铺设卷材和涂布涂膜部分水平投影面积乘屋面坡度系数(见表 11-1)以"m²"计算。不扣除单个出屋面面积小于或等于 0.10m² 所占面积。挑檐、女儿墙、檐沟、天沟、变形缝、天窗、出屋面房间及高低跨处等部位若采用相同材料的向上弯起部分,均按图示尺寸计算后并入屋面防水层工程量,如上述弯起部位详图中无具体尺寸时,可统按 0.3m 计算。

(5)柔性屋面防水层下设找平层和刚性屋面防水层工程量,按设计要求和陕西省定额第八章楼地面工程量计算规则计算。设计要求设置分格缝并嵌填时,可按"9-59"、"9-60"增计嵌分格缝子目工程量。隔离层、保护层和架空板隔热层均按设计要求铺设范围计算各层工程量,不扣除单个面积小于或等于 0.10m² 物件所占面积。

(6)地面、墙面卷材和涂膜防水层,均按设计图示铺设卷材和涂布涂膜面积以"m²"计算。不扣除单个面积小于或等于 0.30m² 物件所占面积。地面防水层周边部位上卷高度按图示尺寸计算,无具体设计尺寸时可统按 0.30m 计算。上卷高度小于或等于 0.50m 时,工程量并入平面防水层;大于 0.50m 者,按立面防水层子目计算。

(7)设计要求在地面、墙面卷材或涂膜防水层上加设保护层时,应按设计要求的加设范围和防水层计算规则计算保护层工程量,选套相关章节子目。

(8)屋面保温隔热层和屋面找坡层工程量,均按设计图示铺设面积乘设计厚度(找坡层为平均厚度)以"m³"物件计算,不扣除单个面积小于或等于 0.10m² 所占面积。如不同部位设计要求坡度、厚度、材质不同时应分别计算。

11.3　工程量清单计量与计价

11.3.1　清单项目设置及说明

屋面及防水工程共包括三部分 12 个项目,其中瓦、型材屋面 3 项,屋面防水 5 项(常用项目 3 项:卷材防水、涂膜防水、排水管),墙地面防水防潮 4 项(常用项目 2 项:卷材防水和涂膜防水)。如表 11-2 所示。

表 11－2　屋面及防水工程项目组成表

章节	1.7 屋面及防水工程(0107)		
	瓦、型材屋面 (010701)	屋面防水 (010702)	墙地面防水防潮 (010703)
项目	瓦屋面	卷材防水	卷材防水
	型材屋面	涂膜防水	涂膜防水
	膜结构屋面	刚性防水	砂浆防水
		屋面排水管	变形缝
		屋面天沟沿沟	

屋面如有隔气层时,隔气层不单独列项,并入屋面找坡层,在项目特征中描述清楚。

11.3.2　工程量清单计算规则

(1)瓦、型材屋面:包括瓦屋面和型材屋面,其工程量按设计图示尺寸以斜面积以平方米计算。

①瓦屋面适用于小青瓦、平瓦、筒瓦、石棉瓦、玻璃钢瓦等。

②型材屋面适用于压型钢板、金属压型夹心板、彩钢保温板、阳光板、玻璃钢等。

(2)膜结构屋面:也称索膜结构,是指以膜布与支撑(柱、网架等)和拉杆结构(拉杆、钢丝绳等)组成的屋盖、篷顶结构形式的屋面;按设计图示尺寸以需要覆盖的水平面积以平方米计算。

(3)屋面防水:包括卷材防水和涂膜防水,按设计图示尺寸以面积以平方米计算。

①斜屋面按斜面积计算。

②平屋面按水平投影面积计算(含女儿墙和挑檐栏板)。

女儿墙:$S = S_底$

挑檐:$S = S_底 + 挑檐处面积$

③女儿墙、伸缩缝、挑檐处的弯起部分,并入屋面工程量内。

④不扣除烟筒、风帽底座、斜沟所占面积。

⑤小气窗的出檐部分不增加面积。

女儿墙:$S = S_底 + 女儿墙内侧弯起部分$

挑檐:$S = S_底 + 挑檐处面积 + 挑檐处的弯起部分$

(4)屋面排水管:按设计图示尺寸以长度以米计算。

$$L = 设计室外地面到檐口的垂直高度 = 屋面板面标高 + 室内外高差$$

(5)墙、地面防水、防潮:按设计图示尺寸以面积以平方米计算。

卷材防水和涂膜防水项目适用于基础、楼地面、墙面等部位的防水。砂浆防水(潮)项目适用于地下、基础、楼地面、墙面等部位的防水、防潮。

①地面:按主墙间的净空面积计算,扣除凸出地面的构筑物设备基础所占面积,不扣除间壁墙和单个 $0.3m^2$ 以内的柱、垛、烟囱和孔洞所占面积。

②墙基:按设计图示尺寸以面积计算,外墙按中心线、内墙按净长线分别乘以墙厚,即:

$$S = L_中 × 墙厚 + L_内 × 墙厚$$

(6)变形缝:变形缝适用于基础、墙体、屋面等部位的抗震缝、伸缩缝、沉降缝。应注意止水带安装、盖板支安。按设计图示尺寸长度以米计算。

【例 11－1】 某工程的屋顶平面图如图 11－2 所示,女儿墙厚度 240mm,高度 600mm,试编制屋面及防水工程的工程量清单。

已知屋面工程做法如下:刷着色涂料保护层;3mm 厚高聚物改性沥青卷材防水层;20mm 厚 1：3 水泥砂浆找平层;1：6 水泥焦渣找坡,最薄处 30mm 厚;80mm 厚聚苯乙烯泡沫塑料板保温层;钢筋混凝土结构层。

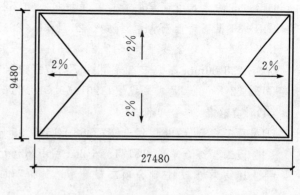

图 11－2

解:屋面水平投影面积 $S=(9.48-0.24\times2)\times(27.48-0.24\times2)=243(m^2)$

屋面保温层 $V=243\times0.08=19.44(m^3)$

水泥焦渣找坡 $V=243\times[0.03+(9.48-0.24\times2)\div2\times2\%\div2]=18.23(m^3)$

屋面找平层 $S=243+(9+27)\times2\times0.25=261(m^2)$

屋面防水层 $S=261(m^2)$

着色涂料保护层 $S=261(m^2)$

编制"分部分项工程量清单"如表 11－3 所示。

表 11－3　分部分项工程量清单　　　　　　　　工程名称:××工程

序号	项目编码	项目名称	计量单位	工程数量
1	010702001001	屋面卷材防水 着色涂料保护层 高聚物改性沥青卷材防水 1：3 水泥砂浆找平层 1：6 水泥焦渣找 2％坡 屋面保温 80mm 厚聚苯乙烯塑料板	m^2	261

【例 11－2】 编制【例 11－1】中屋面工程的工程量清单计价。

解:(1)工程量清单。

防水卷材面层刷着色剂保护层: $S=261.00m^2$

屋面改性沥青卷材防水: $S=261.00m^2$

水泥砂浆找平层工程量: $S=261.00m^2$

80mm 厚聚苯乙烯塑料板工程量: $V=19.44m^3$

1：6 水泥焦渣找坡: $V=18.23m^3$

(2)屋面工程量清单计价。先计算定额工程量,其结果同清单工程量。

①防水卷材面层刷着色剂保护层: $S=261.00m^2$

②屋面改性沥青卷材防水: $S=261.00m^2$

③水泥砂浆找平层工程量: $S=261.00m^2$

④80mm 厚聚苯乙烯塑料板工程量: $V=19.44m^3$

⑤1：6水泥焦渣找坡：$V=18.23m^3$

（3）套定额计算综合价。

①8-35 防水卷材面层刷着色剂保护层：$364.52 \times 261.00 \div 100 = 951.40$（元）

②8-30 屋面改性沥青卷材防水：$2634.36 \times 261.00 \div 100 = 6875.68$（元）

③7-27 水泥砂浆找平层：$612.24 \times 261.00 \div 100 = 1597.95$（元）

④9-228 80mm 厚聚苯乙烯塑料板：$3372.41 \times 19.44 \div 10 = 6555.97$（元）

⑤7-22 1：6 水泥焦渣找坡：$1201.59 \times 18.23 \div 10 = 2190.50$（元）

（4）计算合价、综合单价。

①屋面工程合价：$951.40 + 6875.68 + 1597.95 + 6555.97 + 2190.50 = 18171.5$（元）

②屋面工程综合单价：$18171.5 \div 261 = 69.62$（元/m²）

将上述结果填入"分部分项工程量清单计价"如表 11-4 所示。

表 11-4　分部分项工程量清单计价　　　　　　　　　工程名称：××工程

序号	项目编码	项目名称	计量单位	工程数量	金额/元	
					综合单价	合价
1	010702001001	屋面卷材防水 着色涂料保护层 高聚物改性沥青卷材防水 1：3 水泥砂浆找平层 1：6 水泥焦渣找 2% 坡 屋面保温 80mm 厚聚塑苯乙烯料板	m²	261	69.62	18171.5
	8-35	防水卷材面层刷着色剂保护层	100 m²	2.61	364.52	951.40
	8-30	高聚物改性沥青卷材防水	100 m²	2.61	2634.36	6875.68
	7-27	1：3 水泥砂浆找平	100 m²	2.61	612.24	1597.95
	9-228	80mm 厚聚苯乙烯塑料板	10 m²	1.994	3372.41	6555.97
	7-22	1：6 水泥焦渣找坡	10 m²	1.823	1201.59	2190.50

 思考与练习

1. 屋顶的常见类型有哪些？

2. 屋面防水的类型有哪些？

3. 防水工程量怎样计算？

第12章
防腐、保温隔热工程

12.1 基础知识

1. 屋面保温隔热工程

建筑的保温及隔热工程主要包括屋面、天棚、墙面的保温隔热三大部分,屋面的保温及隔热通常做在平屋面处,天棚的保温及隔热一般做在坡屋面处,墙面的保温及隔热一般是在外墙面处。

(1)保温做法。

①热屋顶保温体系:防水层直接设置在保温层上面,该屋面从上到下的构造层次为防水层、保温层、结构层。在采暖房屋中,它直接受到室内升温的影响。传统的坡屋顶有许多好的做法,如草顶、麦秸泥青灰顶、柴泥卧瓦等屋顶。

热屋顶保温体系多数用于平屋顶的保温。保温材料必须是空隙多、密度小、导热系数小的材料,一般有散料、现浇的混合料、板块料三大类。保温层的散料一般采用炉渣、矿渣之类的工业废料;保温层的现浇混合料一般有轻骨料,如炉渣、矿渣、陶粒、蛭石、珍珠岩与石灰或水泥胶结的轻质混凝土或泡沫混凝土;板块保温层常见的有水泥、沥青、水玻璃等胶结的预制膨胀珍珠岩、膨胀蛭石板,加气混凝土块、泡沫塑料凳块材或板材。

②冷屋顶保温体系:防水层与保温层之间设置空气间层的保温屋面,室内采暖的热量不能直接影响屋面防水层。无论平屋顶或坡屋顶均可采用此体系。坡屋顶的保温层一般做在顶棚屋上面。为了使用上部空间,也有把保温层设置在斜屋面的底部,如果内部不通风,极易产生内部凝结水。故必须要在屋面板和保温层之间设通风层,并在檐口及屋脊设通风口。

③倒铺保温屋面体系:保温层在防水层上面的保温屋面,其构造层次为保温层、防水层、结构层,它与传统的铺设层次相反。该屋面的防水层不受太阳辐射和剧烈气候变化的直接影响,全年热温差小,不易受外来的损伤。但必须选用吸湿性低、耐候性强的保温材料。一般必须进行耐日晒、雨雪、风力、温度变化和冻融循环的试验。现常用聚氨酯和聚苯乙烯发泡材料作为倒铺屋面的保温层,但必须上部压较重的覆盖物。

(2)隔热形式。

①实体材料隔热屋面:利用实体材料的蓄热性能及热稳定性、传导过程中的时间延迟、材料中热量的散发等性能,可以使实体材料的隔热屋顶在太阳辐射下,内表面温度比外表面温度有一定的降低。内表面出现高温的时间通常会延迟3至5小时。一般材料密度较大,蓄热系数较大,热稳定性较好,但自重较大。晚间室内气温降低时,屋顶内的蓄热又要向室内散发,故此屋顶只能适合夜间不使用的房间。通常采用的有大阶砖或混凝土板实铺屋顶、堆土屋顶、砾石层屋顶及蓄水屋顶等。

②通风层降温屋顶:在屋顶中设置通风的空气间层,利用层间通风,散发一部分热量,使屋

顶变成两次传热,以降低传至屋面内表面的温度。通常采用两种方式:一是通风层在结构层下面,如平、坡屋顶吊顶棚的做法;二为通风层在结构层上面,如平屋顶防水层上搁置平面或曲面预制板块架空层;坡屋顶可做成双层,屋檐设进风口,屋脊设出风口,或采用槽板上设置弧形大瓦等做法。

③反射降温屋顶:利用表面材料的颜色和光滑度对热辐射的反射作用,对平屋顶的隔热、降温也有一定的效果。如在屋面上采用淡色砾石铺面或用石灰水刷白,对反射降温都有一定效果;也可在通风屋顶中的基层加铺一层铝箔,利用二次反射作用对屋顶的隔热效果有进一步的改善。

④蒸发散热降温屋顶:在屋脊处装水管,在白天温度高时向屋面浇水,形成一层流水层,利用流水层的反射和蒸发,以及流水的排泄可降低屋面温度;也可在屋面上系统地安装排列水管和喷嘴,夏日喷出的水在屋面上空形成细小水雾层,从而降低屋面上空的气温和提高了屋面的相对湿度,其隔热效果更高。

2. 耐酸、防腐工程

单层厂房地面承受的荷载大,要求具有抵抗各种破坏作用的能力,并能满足生产使用的要求。生产精密仪器和仪表的车间,地面要求防尘,易于清洁;有化学侵蚀的车间,地面应有足够的耐酸及抗腐蚀性;生产中要求防水防潮的车间,地面应有足够的防水性能等。

(1)地面的组成。工业厂房地面的组成与民用建筑基本相同,也是由面层、垫层和地基组成。当基本层次不能满足使用要求或构造要求时,还需增加一些其他层次,如结合层、找平层、防水(潮)层、保温层和防腐蚀层等。

①地基。厂房地面的地基应坚实和具有足够的承载力。当地基土质较弱或地面承受荷载较大时,对地面的地基应采取加固措施。一般的做法是先铺灰土层,或干铺碎石层,或干铺泥结碎石层,然后碾压压实。

②垫层。垫层承受荷载,并将荷载传给地基。其厚度主要根据作用在地面上的荷载经计算确定。垫层有刚性、柔性之分。当地面承受的荷载较大,且不允许面层变形或裂缝,或有侵蚀性介质,或有大量水的作用时,采用刚性垫层。其材料有混凝土、钢筋混凝土等。当地面有重大冲击、剧烈振动作用,或储放笨重材料时(有时伴有高温),采用柔性垫层。其材料有砂、碎石、矿渣、灰土、三合土等;有时也有灰土、三合土作的垫层称半刚性垫层。

③面层。面层直接承受各种物理和化学作用,根据生产特征和对面层的使用要求选择。地面的名称按面层的材料名称而定。

(2)地面的类型。地面的类型多按构造特点和面层材料划分,可分为单层整体地面、多层整体地面及块(板)料地面。有腐蚀介质的车间,在选择和构造处理上,应使地面具有防腐蚀性能。

①单层整体地面:是将面层和垫层合为一层的地面。它由夯实的粘土、灰土、碎石(砖)、三合土或碎、砾石等直接铺设在地基上而成。由于这些材料来源较多,价格低廉,施工方便,构造简单,耐高温破坏后容易修补,故可用在某些高温车间,如钢坯库等。

②多层整体地面:面层厚度较薄,以便在满足使用的条件下节约面层材料,而加大垫层厚度以满足承载力要求。面层材料很多,如水泥砂浆、水磨石、混凝土、沥青砂浆及沥青混凝土、水玻璃混凝土、菱苦土等。

水泥砂浆、水磨石及混凝土地面不适用于有酸碱腐蚀性的车间。沥青砂浆及沥青混凝土地面当需要耐酸或耐碱时,则应掺入耐酸或耐碱材料,这种地面可应用于工具室、乙炔站、蓄电池室、电镀车间等。

水玻璃混凝土地面是以水玻璃为胶结剂,氟硅酸钠为硬化剂,耐酸粉料(辉绿岩粉、石英粉)、耐酸砂子及耐酸石子为粗细骨料按一定比例调制而成。具有良好的耐酸稳定性,特别适合于耐浓酸和强氧化酸;整体性好,机械强度高,耐热性能好;材料来源充沛,价格低。这种地面在耐酸防腐工程中应用很广泛,常用在有酸作用的生产车间或仓库。水玻璃混凝土也有明显的缺点,不耐碱性介质和氢氟酸,抗渗性差,施工受气候的影响较大。由于抗渗性不良,在一般情况下,地面均需设置隔离层,以防液体渗透。水玻璃混凝土还不能与未经处理的普通水泥砂浆、混凝土等直接接触,故应在混凝土垫层上涂沥青或铺卷材做隔离层。

③块材、板材地面:块材、板材地面是用块或板料,如各类砖块、各种混凝土的预制块、瓷砖、陶板以及铸铁板等铺设而成。块(板)材地面一般承载力较大,且考虑面层变形后便于维修,所以常采用柔性垫层。当块(板)材地面不允许变形时,则采用刚性垫层。

A. 块石或石板地面。这种地面可就地取材,一般为未风化的石材,如砂岩、石灰石、花岗石等均可。块石和石板地面较粗糙,较耐磨损。

B. 耐腐蚀块石地面。根据腐蚀介质的不同而选用石材,天然石材中如花岗石、石英石、玄武石等耐酸性好,而石灰石、白云石、大理石等耐碱性较好。耐酸块石之间须用沥青胶泥、环氧胶泥或硫磺胶泥填缝,这种块石地面均做于普通混凝土垫层上,必要时还应设二毡三油隔离层。

C. 砖地面。砖地面采用普通机制砖做地面面层,通常都将砖侧砌,垫层为 60mm 厚的砂垫层,砖缝间用水泥砂浆勾缝。这种地面施工简单,造价低,如用来做耐腐蚀地面时,须经沥青浸渍,浸渍深度不小于 15mm,用沥青砂浆将沥青浸渍后的砖砌筑于混凝土垫层上。如用缸砖,因缸砖规格与普通砖相同,其构造也与沥青浸渍砖同。

D. 瓷砖和陶板地面。瓷砖和陶板地面的构造与民用建筑基本相同,在厂房中适用于一定清洁要求及受酸性、碱性、中性液体、水作用的地段。如蓄电池室、电镀车间、染色车间、尿素车间、试验室等。

12.2 定额计量与计价

12.2.1 定额项目设置及说明

在《陕西省建筑装饰工程消耗量定额》中涉及防腐、保温工程的定额项目如下:天棚墙面保温、天棚保温隔热、外墙内保温("9-114"~"9-129")、补充定额("B9-1"~"B9-19")中的筏板防水、外墙外保温等。

本部分的消耗量定额和第 11 章"屋面及防水工程"定额对应于清单《计价规则》"A.7 屋面及防水工程"和"A.8 防腐、隔热、保温工程"。

12.2.2 主要项目工程量计算

(1)屋面保温、找坡层的工程量按设计图示铺设面积乘以平均厚度以立方米计算。计算的具体范围同工程量清单项目。

定额工程量 V＝清单项目工程量×平均厚度(找坡层的平均厚度要按图示重新进行计算)

隔气层的工程量按面积计算,具体计算方法同屋面保温层清单工程量。

架空隔热板按实铺面积计算,具体计算方法同屋面保温层清单工程量。

(2)天棚保温隔热层工程量按设计图示铺设(或抹灰)体积(面积)计算。

保温层是铺设的,按体积计算。

$$V = 清单面积 \times 厚度$$

隔热层是粉刷抹灰的,按面积计算。

$$S = 清单面积$$

(3)外墙内、外保温工程量按设计图示粘铺或粉抹面积计算,区分不同厚度列项。工程量同清单项目工程量。

外墙外保温子目可参见《陕西2004消耗量补充定额》。

【例12-1】已知保温层最薄处厚度为30mm,计算图12-1和12-2所示的屋面保温层工程量。

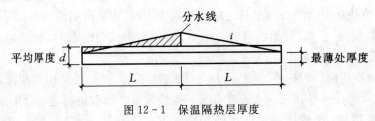

图12-1 保温隔热层厚度

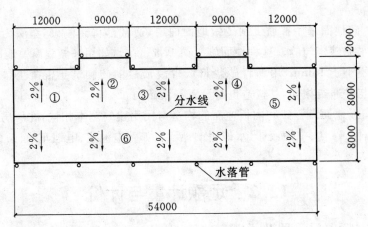

图12-2 屋顶平面图

解:可分区域进行计算。

①区:平均厚度$=0.03+8\times2\%\div2=0.11$(m)

面积$=8\times12=96$(m²)

体积$=96\times0.11=10.56$(m³)

②区:平均厚度$=0.03+10\times2\%\div2=0.13$(m)

面积$=10\times9=90$(m²)

体积$=90\times0.13=11.7$(m³)

③区:同①区

④区:同②区

⑤区:同①区

⑥区：平均厚度＝0.03＋8×2‰÷2＝0.11(m)

面积＝8×54＝432(m²)　　体积＝432×0.11＝47.52(m³)

屋面保温层体积 V＝10.56×3＋11.7×2＋47.52＝102.6(m³)

12.3 工程量清单计量与计价

12.3.1 清单项目设置及说明

(1)防腐隔热保温工程共包括三部分14个项目,其中防腐面层6项,其他防腐3项,隔热、保温5项(常用项目3项:屋面、天棚、墙)。如表12-1所示。

表12-1 防腐、隔热、保温工程项目组成表

章节	1.8 防腐、隔热、保温工程(0108)		
	防腐面层 (010801)	其他防腐 (010802)	隔热、保温 (010803)
项目	防腐砼面层 防腐砂浆面层 防腐胶泥面层 玻璃钢防腐面层 聚乙烯防腐面层 块料防腐面层	隔离层 砌筑沥青、侵渍砖 防腐涂料	保温隔热屋面 保温隔热天棚 保温隔热墙 保温柱 隔热楼地坪

(2)隔热保温层在计算工程量时按面积计算,因此,应在项目特征中,对保温材料的厚度(平均厚度)加以描述。

(3)保温隔热墙的装饰面层,应在装饰工程墙柱面相关项目中编码列项。

(4)池槽保温隔热层,池壁、池底应分别编码列项,池壁并入墙面,池底并入地面。

12.3.2 保温隔热清单项目工程量的计算

(1)保温隔热屋面:适用于各种材料的屋面隔热保温,其工程量按设计图示尺寸以面积以平方米计算,不扣除柱、垛所占面积。

当屋面构造为女儿墙时,找坡层和保温层均铺至女儿墙的内侧,即:

找坡层、保温层:$S＝S_底－L_中×女儿墙厚$

当屋面构造为挑檐时,找坡层铺至挑檐栏板内侧,保温层铺至外墙的外皮,即:

找坡层:$S＝S_底＋挑檐处面积$

保温层:$S＝S_底$

(2)保温隔热天棚:适用于各种材料的下贴式或吊顶上搁置式的保温隔热天棚,其工程量按设计图示尺寸以面积以平方米计算,不扣除柱、垛所占面积。

$$S＝S_底－(L_中×墙厚＋L_内×墙厚)$$

(3)保温隔热墙:适用于工业与民用建筑物外墙、内墙保温隔热工程,其工程量按设计图示尺寸以面积以平方米计算。扣除门窗洞口面积;门窗洞口侧壁需保温时,并入保温墙体工程量内。

外墙外保温:$S＝L_外×高－门窗洞口$

外墙内保温:$S=(L_{中}-4×墙厚-T$ 型接头个数×内墙厚度)×净高-门窗洞口面积

(4)地面保温:按设计图示尺寸以净面积以平方米计算,不扣除柱、垛所占面积。

【例 12-2】某工程保温平屋面尺寸如图 12-3 所示,墙体均为 240mm 墙,做法如下:

(1)现浇钢筋混凝土板上干铺 150mm 厚加气混凝土块保温层;

(2)20mm 1:8 水泥加气混凝土碎渣找坡 2%;

(3)1:3 水泥砂浆找平 20mm 厚;

(4)3mm 厚 SBS 改性沥青卷材满铺一层;

(5)M5 混合砂浆砌 120mm×120mm 砖三皮,双向中距 500mm;

(6)点式支撑架空隔热板为 C20 预制混凝土板(490mm×490mm×30mm),隔热板缝宽 10mm,1:2 水泥砂浆填缝。

试计算加气混凝土块保温层和预制混凝土架空隔热板清单工程量。

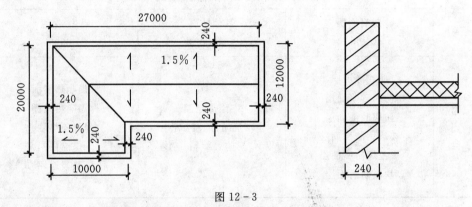

图 12-3

解:(1)平铺 150mm 厚加气混凝土块工程量。

加气混凝土块工程量=保温层设计长度×设计宽度

$$=(27-0.12×2)×(12-0.12×2)+(10-0.12×2)×(20-12)$$

$$=392.78(m^2)$$

(2)预制架空隔热板工程量。

预制架空隔热板工程量=铺设架空隔热板面积÷单块板(含板缝)面积×单块板体积

$$=392.78÷(0.5×0.5)×0.49×0.49×0.03=11.32(m^3)$$

 思考与练习

1.屋面隔热保温主要包括哪些项目?

2.屋面保温隔热常见材料有哪些?

3.在屋面和墙体上的保温隔热工程量怎样计算?

第 13 章
施工措施项目

施工措施项目是指为完成工程项目施工,发生于该工程施工准备和施工过程中的技术、生活、安全、环境保护等方面的非工程实体项目;具体包括:模板措施项目、构建运输及安装措施项目、垂直运输、大型机械进出场及安拆措施项目、建筑物超高等几项。

13.1 模板措施项目

13.1.1 《陕西省建筑装饰工程消耗量定额》中模板工程量计算规则

根据陕西的定额,模块工程量的计算应与其混凝土构件工程量的计算规则相同,可参照本书第 8 章的内容。如混凝土平板的模板工程量应按板的面积乘以板厚以立方米计算。

13.1.2 其他一些省份模板计算规则

因为在其他一些省份,比如根据《内蒙古建筑工程消耗量定额》,在计算模板工程量的时候都按模板与混凝土的接触面积计算,故介绍其计算规则如下,以供参考。

1. 混凝土模板及支撑工程定额说明

本工程包括现浇混凝土模板,预制钢筋混凝土模板,现浇混凝土梁、板、柱、墙三项内容。

(1)现浇混凝土模板按不同构件,分为组合钢模版、木模板、竹胶模板、大钢模板、钢支撑、木支撑。

(2)预制钢筋混凝土模板,按不同构件分别以组合钢模板、木模板、定型钢模、长线台钢拉模,并配制相应的砖地膜、砖胎膜、长线台混凝土地模编制的。

(3)现浇混凝土梁、板、柱、墙是按支模高度(地面至板底)3.6m 编制的,超过 3.6m 时按超高费项目计算。

(4)用钢滑升模板施工的烟囱、水塔及贮仓是按无井架施工计算的,并综合了操作平台,不再计算脚手架及竖井架。

(5)用钢滑升模板施工的烟囱、水塔、贮仓、提升模板使用的钢爬杆用量是按 100% 摊销计算的,贮存是按 50% 摊销计算的,设计要求不同时,另行计算。

(6)倒锥壳水塔塔身钢滑升模板项目,也适用于一般水塔塔身滑升模板工程。

(7)烟囱钢滑升模板项目均已包括烟囱筒身、牛腿、烟道口;水塔钢滑升模板均已包括直筒、门窗洞口等模板用量。

(8)带止水环直形墙模板子目仅适用于有防水要求的直形墙。

2. 混凝土模板及支撑工程工程量计算规则

(1)现浇混凝土模板工程量,除另有规定外,均按混凝土与模板的接触面积以平方米计算。

说明如下:定额附录中的混凝土模板含量参考表,系根据代表性工程测算而得,只能作为投标报价和编制标底时的参考。

(2)现浇钢筋混凝土墙、板上单孔面积在 0.3m² 以内的孔洞,不予扣除,洞侧壁模板亦不增加。0.3m² 以上的孔洞予以扣除,侧壁模板另行计算。

(3)构造柱外露面均按外露部分计算模板面积。构造柱与墙接触面不计算模板面积。

构造柱与砖墙咬口模板工程量=混凝土外露面的最大宽度×柱高

说明如下:

①构造柱与砌体交错咬茬连接时,按混凝土外露面的最大宽度计算。

②构造柱模板子目,已综合考虑了各种形式的构造柱和实际支撑大于混凝土外露面积等因素,适用于先砌砌体、后支模、浇筑混凝土的夹墙柱情况。

(4)现浇钢筋混凝土悬挑板、雨篷、阳台按图示外挑部分尺寸的水平投影面积计算。挑出墙外的梁及板侧边模板不另计算。如伸出墙外超过 1.5m 时,梁、板分别计算,套用相应项目。

说明如下:

①现浇混凝土悬挑板上有翻檐者,其翻檐工程量应另行计算,套用挑檐、天沟定额项目;若翻檐高度超过 300mm,套用栏板定额项目。

②现浇混凝土挑檐、天沟按模板与混凝土的接触面以平方米计算。

(5)现浇混凝土楼梯以图示露明面尺寸的水平投影面积计算。不扣除小于 500mm 楼梯井所占面积。楼梯踏步、踏步板、平台梁等侧面模板不另计算。

说明如下:楼梯工程量计算应包括每一跑的休息平台和相应的楼层板;楼层板和楼梯的分界线需注意,有楼梯隔墙的以墙边线为界,无墙者以楼梯梁外边线为界。

(6)混凝土台阶不包括梯带,按设计图示台阶尺寸的水平投影面积计算,台阶端头两侧模板不另计算模板面积。

说明如下:台阶是连接两个高低地面的交通踏步。一般情况下,台阶多于平台连接。计算模板工程量时,台阶与平台的分界线应以最上一层踏步外沿加 300mm 计算。

(7)混凝土池槽按构件外形体积计算,池槽内外侧及底部的模板不另增加。

(8)预制钢筋混凝土构件模板工程量,除另有规定者外,均按混凝土实体积以立方米计算。

计算规则如下:

①预制桩尖按虚体积(不扣除桩尖虚体积部分)计算。

②实体积是指实际的混凝土体积,其中不包含孔洞所占的体积。例如,计算预应力空心板体积时,应减去其孔洞所占的体积。

③设计中若预制构件选自标准图集,则其混凝土实体积可直接由标准图集查出,不需计算。

(9)预制大门框可分别按柱及过梁相应项目计算。

(10)小型池槽按外形体积以立方米计算。

(11)漏空花格按框外围尺寸以立方米计算。

(12)烟道、通风道按混凝土实体积以立方米计算。

(13)女儿墙板、壁柜板、吊柜板、碗柜板等小型平板,按预制平板项目计算。

(14)构筑物工程的模板工程量,除另有规定外,区别现浇、预制和构件类别,分别按现浇混凝土、预制混凝土的有关规定计算。

(15)液压滑升钢模板施工的烟囱、筒仓、倒锥壳水塔筒身均按混凝土体积以立方米计算。

(16)贮水(油)池、水塔、贮仓、圆筒形仓壁等,按图示尺寸混凝土与模板接触面面积以平方米计算。

(17)倒锥壳水塔的水箱制作按混凝土实体积以立方米计算,水箱提升按不同的容积以座计算。

(18)钢筋混凝土地沟、检查井、化粪池等参照贮水(油)池相应项目执行。

(19)模板超高按下列规定计算:

①梁、板按超高部分全部模板面积计算;坡屋面按平均高度计算;梁板地面距设计室外地坪或下一层楼面的高度超过 3.6m 时可按"每增 1m"计算模板超高费,超高增加高度采用四舍五入按米计算。

②墙、柱超高从室外设计地坪或楼板上表面算起,高度超过 3.6m 时,按 3.6m 以上部分模板面积计算,超高增加高度采用四舍五入按米计算。

说明如下:

①现浇混凝土柱、梁、板、墙定额项目中编制了钢支撑或木支撑高度超过 3.6m 每增加 3m 的定额项目,若支撑高度超过 3.6m 时,应从 3.6m 以上,执行每增加 3m 定额项目,计算模板支撑超过高,超高支撑增加次数=(支撑高度-3.6)/3(遇小数进为 1);超高每增加 3m 的工程量,梁、板、墙是按超高构件全部混凝土接触面积计算,即超高工程量=(相应模板面积×超高次数)。

②构造柱、圈梁、大钢模板墙,不计算模板支撑超高。

③支模高度,对于柱和墙是指地(楼)面支撑点至构件底坪,对于梁是指地(楼)面支撑点至梁底,对于板是指地(楼)面支撑点至板底坪。

3. 工程量计算示例

【例 13-1】某工程一层为钢筋混凝土墙体,层高 4.5m,现浇混凝土板厚 120mm,采用胶合板模板,钢支撑,经计算一层钢筋混凝土模板工程量为 5000m³(其中超高面积为 1000m³)。试计算胶合板模板工程量,确定定额项目。

解:(1)现浇混凝土墙体胶合板模板工程量 $V=5000m^3$

套用陕西定额 4-52,平板板厚 10cm 以外。

定额基价=248.47 元/m³

定额直接费=5000×248.47=1242350(元)

(2)超高次数=(4.5-0.12-3.6)÷1=0.78≈1 次(不足一次按一次计算)

超高工程量 $V=1000m^3$

套用陕西定额 4-68,层高超过 3.6m 每增 1m 梁、板。

定额基价=34.86 元/m²

定额直接费=1000×34.86=34860(元)

【例 13-2】某工程现浇混凝土平板如图 13-1 所示,层高为 3m,板厚为 100mm,墙厚均为 240mm,如果模板采用组合钢模板、钢支撑。试计算现浇混凝土平板模板工程量,确定定额项目。

解:模板工程量=(3.6×2-0.24×2)×(3.3-0.24)×0.1=2.06(m³)

套用陕西定额 4-52,平板板厚 10cm 以内。

定额基价=367.22 元/m³

定额直接费=2.06×367.22=756.47(元)

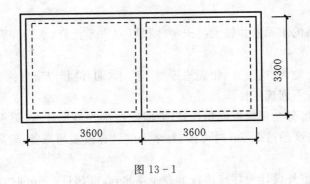

图 13 - 1

13.2 脚手架措施项目

13.2.1 定额计量与计价规则

1. 定额说明

本部分定额内容包括外脚手架、里脚手架、满堂脚手架、依附斜道、安全网、烟囱脚手架、电梯井字架、主体工程外脚手架及外装饰工脚手架等九项。

(1)本部分定额各类脚手杆、脚手板、扣件、铅丝和其他材料的摊销量,是综合确定的,使用时均不作换算。定额中所有脚手架均为钢管式脚手架。

(2)外脚手架子目综合了上料平台和护卫栏杆等,在使用定额时不应再另行计算。外脚手架是按双排架编入的,如实际使用单排外脚手架时按双排子目乘以系数0.7。

(3)斜道是按依附斜道编制的,独立斜道按依附斜道子目人工、材料、机械乘以系数1.8。

(4)水平防护架和垂直防护架指脚手架以外单独搭设的,用于车辆通行、人行通道、临街防护和施工与其他物体隔离等的防护。是否搭设和搭设的部位、面积,均应根据工程实际情况,按施工组织设计确定的方案计算。

(5)烟囱脚手架综合了垂直运输架、斜道、览风绳、地锚等内容,在使用定额时不应再另行计算。

(6)水搭脚手架按相应的烟囱脚手架人工乘以系数1.11,其他不变。

(7)满堂基础按满堂脚手架基本定额的50%计算脚手架。

(8)装饰脚手架适用于由装饰施工队单独承担装饰工程且土建脚手架已拆除时搭设的用于装饰的脚手架。

2. 工程量计算规则

(1)外脚手架。外脚手架分不同墙高,按外墙外边线的凹凸(包括凸出阳台)总长度乘以高度以平方米计算。墙高的确定按以下规定执行。

①无女儿墙的从设计室外地坪到外墙的顶板面或檐口止,有女儿墙者高度算至女儿墙顶面。

②地下室外墙高度从设计室外地坪算至底板垫层底。如上层外墙或裙楼上有缩入的塔楼,工程量按上层缩入的面积计算,但套用子目时,子目步距的高度按由设计室外地坪至塔楼顶面计算。

③裙楼的高度应按设计室外地坪至裙楼顶面的高度计算,套用子目时按相应高度步距

计算。

④屋面上的楼梯间、水池、电梯机房等的脚手架工程量应并入主体工程量内计算。同一建筑物檐口高度不同时,应按不同檐口高度分别计算。

说明如下:

①计算外脚手架时,门、窗、洞口及穿过建筑物的通道的空洞面积不扣除;有山墙者,以山尖 1/2 高度计算。

②水池墙、烟道墙等高度在 3.6m 以内,按外脚手架子目的 70% 计算,3.6m 以上套用外脚手架子目。石墙砌筑不论内外墙,高度超过 1.2m 时,按外脚手架计算,墙厚大于 40cm 时,则按外脚手架子目乘以系数 1.7 计算。

③毛石挡土墙砌筑高度超过 1.2m,按一面外脚手架计算。

(2)里脚手架。房屋建筑里脚手架按建筑物建筑面积计算。楼层高度在 3.6m 以内按各层建筑面积计算,层高超过 3.6m 每增加 1.2m 按调增子目计算,不足 0.6m 不计算。在有满堂脚手架搭设的部分,里脚手架按该部分建筑面积的 50% 计算。无法按建筑面积计算的部分,高度超过 3.6m 时按实际搭设面积,套外脚手架子目乘以系数 0.7 计算。

(3)满堂脚手架。室内天棚装饰面距设计室内地坪高度超过 3.6m 时,计算满堂脚手架。满堂脚手架按室内净面积计算,其高度在 3.6~5.2m 按满堂脚手架基本层计算;超过 5.2m,每增加 1.2m 按增加一层计算,不足 0.6m 的不计。

说明如下:

①天棚面单独刷(喷)涂时,楼层高度在 5.2m 以下者,均不计算脚手架费用,高度在 5.2m 至 10m 按满堂脚手架基本层子目的 50% 计算,10m 以上按 80% 计算。

②整体满堂钢筋混凝土基础,凡其宽度在 3m 以上,深度在 1.5m 以上时,增加的工作平台按其底板面积计算满堂基础脚手架工程量。

(4)其他脚手架。

①悬空脚手架,按搭设水平投影面积以“m²”计算。

②挑脚手架,按搭设长度和层数,以延长米计算。

③水平防护架,按实际铺板的水平投影,以“m²”计算。

④垂直防护架,按自然地坪至最上一层横杆之间的搭设高度,乘以实际搭设长度以“m²”计算。

⑤建筑物垂直封闭工程量,按封闭面的垂直投影面积计算。

⑥依附斜道,区别不同高度以座计算。

⑦架空运输道脚手架,按搭设长度以延长米计算。

⑧烟囱脚手架,分不同内径、高度,以座计算。高度是指室外地坪至烟囱顶面的高度。

⑨砌筑筒仓脚手架,不分单筒或筒仓组合均按单筒外边线周长乘以室外地坪至顶面高度,以“m²”按外脚手架子目计算。

⑩电梯井字脚手架依据井底板面至顶板底高度,按单孔套相应子目以座计算。

⑪蓄水(油)池、大型设备基础高度超过 1.2m 时,脚手架按其外形周长乘以高度以“m²”套外脚手架子目计算。

⑫围墙脚手架,面积以设计室外地坪至围墙顶高度乘以围墙长度,套相应步距的外脚手架子目乘以系数 0.7 计算。

⑬滑升模板施工的钢筋混凝土烟囱、筒仓,不计算脚手架。

3. 工程量计算示例

【例13-3】某建筑物平面图、1—1剖面图如图13-2所示,墙厚为240mm,室内外高差为0.60m,钢管脚手架。试计算外脚手架和里脚手架工程量,确定定额项目。

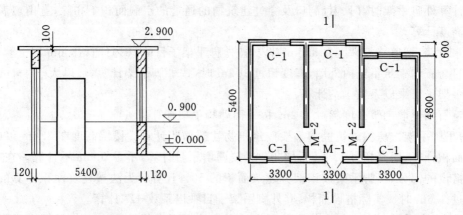

图13-2

解:(1)计算外脚手架工程量。

$S_{外}=(3.3×3+0.24+5.4+0.24)×2×(2.9+0.6)=110.46(m^2)$

套用陕西定额13-1,即15m以内钢管单排外脚手架。

定额基价=941.01元/100m²

定额直接费=110.46÷100×941.01=1039.44(元)

(2)计算里脚手架工程量。

$S_{里}=(5.4-0.24+4.8-0.24)×(2.9-0.1)=27.22(m^2)$

套用陕西定额13-8,即里脚手架。

定额基价=552.96元/100m²

定额直接费=27.22÷100×552.96=150.52(元)

【例13-4】某工程结构平面图和剖面图如图13-3所示,板顶标高为6.30m,现浇板底抹水泥砂浆,搭设满堂钢管脚手架。试计算满堂钢管脚手架工程量,确定定额项目。

解:(1)计算满堂脚手架工程量。

$S=(9.9-0.24)×(2.7×3-0.24)=75.93(m^2)$

套用陕西定额13-10,即钢管满堂脚手架。

定额基价=650.19元/100m²

定额直接费=75.93÷100×650.19=493.69(元)

(2)计算增加层。(6.3-0.13-5.2)÷1.2=0.81≈1(层)

套用陕西定额13-11,即增加层。

定额基价=171.99元/100m²

定额直接费=75.93÷100×171.99=130.59(元)

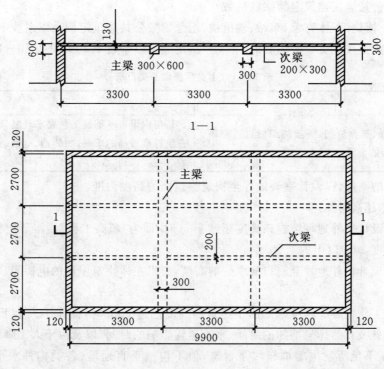

图 13 - 3

13.2.2　清单计算规则

在工程量清单报价中,脚手架是以费用的形式在措施项目中反映的项目,是措施项目费的组成部分。《建设工程工程量清单计价规范》(GB50500—2013)没有规定脚手架工程量的计算规则。在清单报价时如果需要计算脚手架工程量,可参照前面脚手架定额工程量的计算方法计算。

13.3　垂直运输、超高及其他措施项目

1.垂直运输及其他措施项目定额说明

本部分包括建筑物垂直运输机械,建筑物超高人工、机械增加及二次搬运机械三项内容。

(1)建筑物垂直运输。本节所称檐口高度是指设计室外地坪至屋面板板底(坡屋面算至外墙与屋面板板底)的高度,突出建筑物屋顶的电梯间、水箱间等不计入檐口高度之内。

①檐口高度在3.6m以内的建筑物不计算垂直运输机械费用;同一建筑物多种用途(或多种结构),按不同用途(或结构)分别计算,分别计算后的建筑物檐高均应以该建筑物总檐高为准。

②本节包括单位工程在合理工期内完成(除装饰工程外)全部工程项目所需要的垂直运输机械费用,不包括大型机械的场外运输、一次安拆及路基铺设和轨道铺拆等费用。

③采用泵送的现浇剪力墙工程,按垂运费定额乘以系数0.8。其他工程采用泵送时,按垂直运输费相应定额乘以系数0.9。

④预制钢筋混凝土柱、钢屋架的单层厂房按预制排架定额计算。

⑤单身宿舍按居住建筑定额乘以系数0.9。

⑥影剧院、博物馆、体育馆、车站、候机楼、纪念馆按公共建筑定额乘以系数1.35。

⑦本节定额是按Ⅰ类厂房编制的,Ⅱ类厂房定额乘以系数1.14。见表13-1。

表13-1 Ⅰ类厂房和Ⅱ类厂房

Ⅰ类	Ⅱ类
机加工、机修、五金缝纫、一般纺织(粗纺、制条、洗毛等)及无特殊要求的车间	厂房内设备基础及工艺要求较复杂,建筑设备或建筑标准较高的车间,如铸造、电镀、锻压、电子、仪表、电视、医药、食品等车间

⑧构筑物的高度,以设计室外地坪至构筑物顶面的高度为准。

(2)建筑物超高增加。

①建筑物设计室外地坪至檐口高度超过20m时,即为"超高工程"。本节定额项目适用于建筑物檐口高度20m以上的工程。

檐高是指设计室外地坪至檐口滴水处的高度,突出主体建筑屋顶的电梯间、水箱间等不计入檐高之内。

②本定额工作内容综合考虑了由于建筑物高度超过20m时,操作工人上下班降低工效、上楼工作前休息及自然休息增加的时间、垂直运输影响的时间,以及由于人工降效引起的机械降效、由于水压不足所发生的加压水泵台班;但不包括垂直运输、各类构件水平运输的降效费用。

说明如下:

A.由于建筑物垂直运输机械、脚手架是按高度设置项目,故在计算超高降效时,不包括该部分内容。另外,设计室外地坪(±0.000)以下的地面垫层、基础、地下室、构件运输内容也不在计算超高降效范围内。

B.在编制工程预(结)算计算超高降效时,应将不计算超高增加的工程量与±0.000以上工程量分别列项。同一建筑物,檐口高度不同时,其超高人工、机械增加工程量,应分别计算。

C.单独施工的主体结构工程和外墙装饰工程,也应计算超高人工、机械增加,其计算方法和相应规定,同整体建筑物超高人工、机械增加。单独内装饰工程,不适用上述规定。

D.六层以下的单独内装饰工程,不计算超高人工增加。

(3)二次搬运及完工清理费。

①二次搬运费指材料、成品、半成品的二次装卸、运输费。

②完工清理指工程交付使用前,对工程和施工场地进行的卫生清扫和垃圾清理费。

③二次搬运及完工清理费无论发生与否,由施工单位包干使用。

2.工程量计算规则

(1)建筑物垂直运输机械。

①建筑物垂直运输定额消耗量按建筑面积计算规则的规定计算;根据工程结构形式,分别套用相应定额项目。檐高大于120m时,按不同建筑物结构类型的120m定额为基数,再套用"每增10m"的垂直运输定额。

②构筑物垂直运输机械费以座为单位计算。超过规定高度时再按每增高1m定额项目计算,其高度不足1m时,也按1m计算。

③装饰装修楼层(包括楼层所有装饰装修工程量)区别不同垂直运输高度(单层建筑物系檐口高度),按消耗量定额以工日分别计算。

④±0.000 以下地下室的垂直运输按其建筑面积,并入上层工程量内计算。

A. 钢筋混凝土地下建筑,按其上口外墙外围水平面积以平方米计算。

B. 钢筋混凝土满堂基础,按其工程量计算规则计算体积,以立方米计算。

(2)建筑物超高费。建筑物超高费,区分建筑物不同檐高按建筑物 20m 以上建筑面积以平方米计算。

(3)二次搬运及完成清理费。

①建筑工程二次搬运及完成清理费按建筑面积计算。

②构筑物二次搬运及完成清理费以座为单位计算。

3. 工程量计算示例

【例 13-5】某公共建筑工程为现浇框架结构,主楼部分 20 层,檐口高度为 80m,裙楼部分 8 层,檐口高度为 36m,9 层以上每层建筑面积为 650m²,8 层部分每层建筑面积为 1000m²。试计算垂直运输机械工程量,确定定额项目。

解:(1)计算主楼部分工程量。

$S_主 = 650 \times 20 = 13000(m^2)$

套用陕西定额 14-57,即檐高 80m 以内混凝土其他框架结构。

定额基价=6902.87 元/100m²

定额直接费=13000÷100×6902.87=897373.1(元)

(2)计算裙楼部分工程量。

$S_裙 = (1000-650) \times 8 = 2800(m^2)$

套用陕西定额 14-53,即 40m 以内混凝土其他框架结构。

定额基价=4086.47 元/100m²

定额直接费=2800÷100×4086.47=114421.16(元)

【例 13-6】某单层建筑檐口高度 18.5 米,装饰装修人工费为 36000 元,共 16 个工日。试计算垂直运输费和二次搬运费及完工清理费。

解:(1)垂直运输工程量=16 个工日

定额基价=50 元/工日

定额直接费=50×16=800(元)

(2)二次搬运费及完工清理工程量=36000 元

定额费率=4.5%

定额直接费=36000×0.045=1620(元)

13.4 大型机械进出场及安拆措施项目

1. 定额说明

(1)特、大型机械安装、拆卸是指大型施工机械在施工现场进行安装、拆卸所需的人工费、材料费、机械费、试运转费和安装所需的辅助设施的折旧、搭设及拆除。

(2)塔式起重机基础铺拆以直线型为准,如铺设弧线型时,轨道式铺拆定额乘以系数 1.15。本节定额不包括轨道和枕木之间增加其他型钢或钢板的轨道。

（3）场外运输是指施工机械整体或分体自停放地运至施工现场或由一个施工地点运至另一个施工地点的运输、装卸、铺助材料及架线等产生的运距为 50km 以内的机械进出场费用，运距 50km 以外的另行补充。

（4）自升塔式起重机安拆费是以塔高 45m 确定的，如塔高超过 45m 时，每增高 10m，安拆定额乘以系数 1.2。

2. 工程量计算规则

（1）塔式起重机轨道式基础按米计算，铺设直线型轨道基础时，工程量按单轨延长米计算，如铺设弧型轨道基础，轨道工程量按实铺轨道总长度乘以系数 0.5 计算。

（2）特、大型机械安装、拆卸按实际按拆次数以台次计算。

（3）特、大型机械场外运输按实际发生次数以台数计算。

3. 工程量计算示例

【例 13-7】某工程使用塔式起重机（8t）一台，该塔式起重机基础混凝土体积为 20m³。试计算工程量，确定定额项目。

解：（1）塔式起重机安装、拆卸工程量＝1 台次

套用陕西定额 14-346，即 8t 塔式起重机安装、拆卸。

定额基价＝7078.06 元/台次

定额直接费＝1×7078.06＝7078.06（元）

（2）塔式起重机场外运输工程量＝1 台次

套用陕西定额 16-345，即 8t 塔式起重机场外运输。

定额基价＝8766.03 元/台次

定额直接费＝1×8766.03＝8766.03（元）

13.5 构件运输及安装措施项目

1. 定额说明

（1）构件运输。该部分适用于由构件堆放场地或构件加工厂至施工现场 25km 以内的运输。运距超过 25km 时，由承发包双方协商确定全部运输费用，包括预制混凝土构件运输、成型钢筋运输。

（2）构件安装。

①构件安装是按机械起吊点中心回转半径 15m 以内的距离计算的，如超过回转半径应另按构件 1km 运输项目计算场内运输费用。建筑物地面以上各层构件安装，不论距离远近，已包括在项目的构件安装内容中，不受 15m 的限制。

②单层装配式建筑的构件安装，应按履带式起重机项目计算，如在跨外吊装时，按相应项目（履带式）人工、机械乘以 1.18 系数。

③预制构件及金属结构构件安装是按檐口高度 20m 以内及构件重量 25t 以内考虑的。

④金属构件拼装和安装未包括连接螺栓，其费用另计。

⑤预制混凝土小型构件安装是指单体小于 0.1m³ 的构件安装。

2. 工程量计算规则

（1）构件运输。

①预制混凝土构件。

预制混凝土构件运输工程量＝预制混凝土构件的制作工程量＝施工图计算净用量×(1＋安装损耗率)

②钢筋混凝土构件运输及安装均以实体积计算。

③加工厂制作的加气混凝土板(块)、硅酸盐块运输,按每立方米折合 0.4m³ 钢筋混凝土体积,套用 1 类构件(4m 以上的空心板、实心板)运输相应项目。

(2)构件安装。

①预制混凝土构件。

预制混凝土构件安装工程量＝施工图计算净体积用量

A.预制钢筋混凝土柱不分形状,均按柱安装项目计算;管道支架,按柱安装项目计算;多节预制柱安装,其首层柱按柱安装项目,首层以上柱按柱接柱项目计算。

B.预制混凝土柱接柱,如设计规定采用钢筋焊接现浇柱结点时,其柱头、梁头、现浇部分按本定额现浇混凝土框架柱接头项目计算。

C.排风道区分不同型号以延长米计算。

D.预制混凝土花格安装按小型构件计算,其体积按设计外形面积乘以厚度,以立方米计算,不扣除镂空体积。

E.组合钢屋架系指上弦为钢筋混凝土,下弦为型钢,计算安装工程量时,以混凝土实体积计算,钢杆件部分不另计。

F.平台安装工程量包括平台柱、平台梁、平台板、平台斜撑等,但依附于平台上的扶梯及栏杆应另列项目计算。

G.墙架安装工程量包括墙架柱、墙梁、连系拉杆和拉筋,墙架上的防风桁架应另列项目计算。

②金属结构。

A.金属构件按图示尺寸以吨为单位计算,所需螺栓、焊条等重量不另行计算。

B.依附于钢柱上的牛腿及悬臂梁等,并入柱身计算。

C.金属结构构件最大运输距离按 20km 考虑的,超过时另行补充。

 思考与练习

1.简述砖墙脚手架工程量计算方法。

2.现浇混凝土柱、构造柱模板工程量应怎样计算?

3.现浇混凝土楼梯模板工程量怎样计算?

4.现浇混凝土梁模板工程量怎样计算?

第14章

装饰、装修工程

14.1 定额计量与计价

14.1.1 楼地面工程

1. 定额说明

(1)本部分定额中的水泥砂浆、白水泥石子浆等的配合比如果设计与定额中的规定不同时,允许换算。

(2)同一铺贴面上有不同种类、材质的材料,应分别套用相应子目。

(3)扶手、栏杆、栏板适用于楼梯、走廊回廊及其他装饰性栏杆、栏板。其主要材料用量,如设计与定额不同时,可以调整,但人工、机械用量不变。

(4)楼地面零星项目适用于楼梯侧面、台阶侧面、台阶的牵边、小便池、墩台、池槽以及面积在 1m² 以内且定额未列的项目。

(5)大理石、花岗岩楼地面拼花按成品考虑。

(6)带艺术型嵌条人工乘以 1.15 系数。

(7)镶拼面积小于 0.015m² 的石料执行点缀定额。同一铺贴面上有不同种类、材质的材料,应分别计算。

说明如下:楼地面点缀是一种简单的楼地面块料拼铺方式,即在主体块料四角相交处各切去一个角,另镶嵌一块其他颜色的块料,起到点缀的作用。

(8)楼地面块料面层、整体面层均未包括找平层,应另行计算。

(9)整体面层台阶不包括牵边及侧面装饰。

(10)竹、木地板均按成品考虑。

(11)木地板填充材料可按有关章节相应项目计算。

2. 工程量计算规则

(1)找平层及水泥砂浆整体面层均按主墙间净空面积以平方米计算。应扣除凸出地面建筑物、设备基础、室内管道、地沟等所占面积,不扣除柱、垛、间壁墙、附墙烟囱及面积在 0.3m² 以内的孔洞面积,但门洞、空圈、暖气包槽、壁龛的开口部分亦不增加。

(2)楼地面装饰面积按装饰面的净面积计算,不扣除 0.1m² 以内的孔洞所占面积。拼花部分按实贴面积计算,块料面层按实铺面积计算。

(3)楼梯面层按楼梯设计图尺寸(包括踏步、休息平台以及小于 500mm 宽的楼梯井)水平投影面积计算。有梯口梁者,梁面包括在楼梯面层内;无梯口梁者算至最上层踏步边沿加300mm,不扣除宽度小于 500mm 的楼梯井面积,楼梯井宽度超过 500mm 时,应予扣除。

说明如下:楼梯平面图如 14-1 图所示。

$$楼梯面层工程量=L×A×(n-1)(a≤500mm)(n 为楼层数)$$

楼梯面层工程量 $=L\times A\times(n-1)-a\times b(a>500\text{mm})$（$n$ 为楼层数）

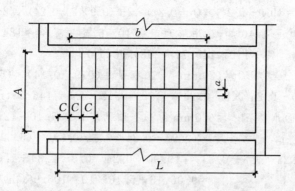

图 14-1　楼梯平面图

（4）台阶面积按设计图示尺寸以台阶（包括最上一层踏步边沿加 300mm）水平投影计算。说明如下：

$$台阶工程量＝台阶长\times踏步宽\times步数$$
$$四步台阶工程量＝L\times B\times 4$$

（5）非成品踢脚线按实贴长度乘以高度以平方米计算，成品踢脚线按实贴长度以延长米计算。楼梯踢脚线如单独计算时按相应定额乘 1.15 系数，整体面层踢脚线的工程量按房间主墙间周长以延长米计算。

（6）点缀按个计算，计算主体铺贴地面积时，不扣除点缀所占面积。

（7）零星项目按实铺面积计算。

（8）栏杆、栏板、扶手均按其中心线长度（楼梯均按图示水平长度乘以 1.15 系数）以延长米计算。

（9）计算扶手时不扣除弯头所占长度，弯头按个计算（一个拐弯计算两个弯头，顶层计算一个弯头）。

（10）硬木扶手项目不包括弯头支安。

（11）石材底面刷养护液按底面面积加 4 个侧面面积，以平方米计算。

（12）楼梯防滑条按设计规定的长度计算，如设计无规定者，可按踏步长度两边共减 300mm 计算。

（13）橡胶面层、竹木地面、地毯等其他材料面层按设计图示尺寸以面积计算，空洞、空圈、暖气包槽、壁龛的开口部分并入相应的工程量内。

（14）块料面层楼梯包括踢脚板，如不贴踢脚板时，除需扣除相应块料面层材料 0.233m²，人工 0.0878 工日外，其他不允许调整。现浇水磨石楼梯不包括踢脚板，应另列项目计算。

（15）散水、防滑坡道按图示尺寸以平方米计算。

【例 14-1】某住宅楼平面如图 14-2 所示，地面做法如下：C20 细石混凝土找平层 60 厚，1∶2.5 白水泥色石子彩色镜面水磨石面层 20mm 厚，2mm×12mm 铜条分隔，距墙柱边 300mm 范围内按纵横 1m 宽分格。计算地面工程量，确定定额项目。M1：1500mm×2500mm（1 个）；M2：1000mm×2500mm（2 个）。

解:

(1)找平层工程量＝(9.9−0.24)×(6−0.24)×2＋(9.9×2−0.24)×(2−0.24)＝145.71(m²)

C20 细石混凝土找平层 40 厚，套用陕西定额 10−6，定额基价＝1845.49 元/100m²

定额直接费＝1845.49÷100×145.71＝2689.06(元)

(2)白水泥色石子水磨石面层(20mm 厚)工程量＝(9.9−0.24)×(6−0.24)×2＋(9.9×2−0.24)×(2−0.24)−0.24²×2＋0.24×1×2＋0.12×1.5＝146.25(m²)

白水泥色石子镜面水磨石地面(20mm 厚)，套陕西定额编码 10−12(嵌玻璃条和嵌铜条)。

2mm×12mm 铜条单间总长度＝(9.90−0.24−0.3−0.3)×[(6.00−0.24−0.3−0.3)÷1.00＋1]＋(6.00−0.24−0.3−0.3)×[(9.90−0.24−0.3−0.3)÷1.00＋1]

　　　　　　　　＝9.06×6＋5.16×10＝105.96(m)

2mm×12mm 铜条走廊总长度＝(9.90×2−0.24−0.3−0.3)×[(2−0.24−0.3−0.3)÷1.00＋1]＋(2.00−0.24−0.3−0.3)×[(9.9×2−0.24−0.3−0.3)÷1.00＋1]

　　　　　　　　＝18.96×2＋1.16×20＝61.12(m)

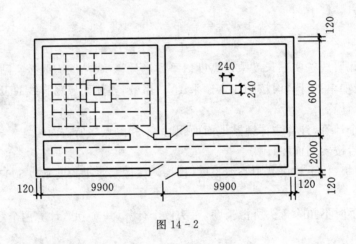

图 14−2

2mm×12mm 铜条工程量＝105.96×2＋61.12＝273.04(m)

水磨石地面嵌铜分隔条，套陕西定额 14−2。

水磨石地面嵌铜分隔条定额材料费＝44.5 元/m

水磨石地面嵌铜分隔条定额材料费合价＝44.5×273.04＝12150.28(元)

白水泥色石子镜面水磨石地面(20mm 厚)，套陕西定额 10−12。

定额基价＝7502.27 元/100m²(嵌玻璃条)

白水泥色石子镜面水磨石地面(20mm 厚)，套陕西定额 10−12(嵌铜条)。

定额直接费＝7502.27÷100×146.25＋12150.28＝23122.35(元)

14.1.2 墙柱面工程

1. 定额说明

(1)本部分定额凡注明砂浆种类、配合比、饰面材料及型材的型号规格与定额的规定不同时，可按设计要求调整，但人工、机械的消耗量不变。

(2)圆弧形、锯齿形等不规则墙面抹灰、镶贴块料饰面按相应项目人工乘以系数 1.15，材料乘以系数 1.05。

(3)镶贴面砖定额子目,按有缝、无缝两种情况考虑。有缝的面砖消耗量分别按缝宽 5～10mm 考虑,如灰缝不同或灰缝超过 10mm 以上者,其块料及灰缝材料(水泥砂浆 1:1)用量允许调整,其他不变;要求缝宽小于 5mm 时,按无缝子目计算。

(4)镶贴块料和饰面抹灰的零星项目适用于挑檐、天沟、腰线、窗台线、门窗套、压顶、扶手、雨篷周边及小于 0.5m² 以内的零星项目。

(5)镶贴面砖中的零星项目,按相应定额子目人工乘以系数 1.1,主材消耗量乘以系数 1.02。

(6)木龙骨基层是按双向计算的,如设计为单向时,材料、人工用量系数乘以 0.55。

(7)墙、柱块料面层有顶棚的入顶棚内 100mm。

(8)定额木材种类除注明者外,均以一、二类木种为准,如采用三、四类木种时,人工及机械乘以系数 1.3。

(9)面层、隔墙(间壁)、隔断(护壁)定额内,除注明外均未包括压条、收边、装饰线(板),如设计要求时,应按其他工程计算。

(10)面层、木基层均未包括刷防火涂料,如设计要求时,应按油漆、涂料、裱糊工程相应子目计算。

(11)玻璃幕墙设计有平开、推拉窗者,执行幕墙定额,窗型材、窗五金相应增加,其他不变。

(12)玻璃幕墙中的玻璃是按照成品玻璃考虑的,幕墙中的避雷装置,防火隔离层已综合考虑,幕墙的封边、封顶的费用另行计算。

(13)隔墙(间壁)、隔断(护壁)、幕墙等定额中龙骨间距、规格如与设计不同时,定额用量允许调整。

(14)成品厕浴隔断不含五金费,发生时按实计算。

2. 工程量计算规则

(1)内墙抹灰。

①内墙抹灰面积按主墙间的图示净长尺寸乘以内墙抹灰高度计算,应扣除门窗洞口和空圈所占的面积,不扣除踢脚板、挂镜线、0.3m² 以内的孔洞和墙与构件交接处的面积,洞口侧壁和顶面亦不增加。墙垛、附墙烟囱侧壁、砖墙中的钢筋混凝土梁柱等的抹灰面积与内墙抹灰的工程量合并计算。

挂镜线是指在墙面上比天棚低 30～50cm 的某个位置上,沿房间内墙面一周所设置的木线、硬塑料装饰线等,它既可以作为室内悬挂字画、装饰工艺品等使用,又可以作为装饰线,起到美化墙面的作用。挂镜线按材质可以分为木质挂镜线、塑料挂镜线、不锈钢和镀铁金等金属挂镜线。目前家庭装饰中使用较多的是重量轻、易安装的木质及塑料挂镜线两种。

②内墙抹灰的长度,以主墙间的图示净长尺寸计算,其高度确定标准如下:

A. 无墙裙的,其高度按室内地面或楼面至天棚底面积之间距离计算(不扣除垫层厚度)。

B. 有墙裙的,其高度按墙裙顶至天棚底面之间距离计算。

C. 有吊顶天棚的内墙抹灰,其高度按室内地面或楼面至天棚底面另加 100mm 计算(不扣除垫层厚度)。

③内墙裙抹灰面积按墙内净长线乘以高度计算,应扣除门窗洞口和空圈所占的面积,门窗洞口和空圈的侧壁面积不另增加,墙垛、附墙烟囱侧壁面积并入墙裙抹灰面积内计算。

(2)外墙抹灰。

①外墙面装饰抹灰面积,按垂直投影面积计算,应扣除门窗洞口、空圈、腰线、挑檐、门窗套、遮阳板以及 $0.3m^2$ 以上孔洞所占的面积,不扣除 $0.3m^2$ 以内孔洞面积,附墙柱的侧壁以展开计算,并入相应墙面抹灰工程量内。门窗洞口及孔洞侧壁面积已综合考虑在项目内,不另计算。如外墙外侧有保温隔热层的,按保温隔热层外边线的垂直投影面积以平方米计算。

②水泥黑板按框外围面积计算,黑板边框及粉笔槽抹灰已考虑在项目内,不另计算。

(3)墙、柱面勾缝。

①墙面勾缝按墙面投影面积计算,应扣除墙裙和墙面抹灰所占的面积,不扣除门窗洞口及门窗套、腰线等所占的面积,但垛和门窗洞口侧壁的勾缝面积亦不增加。

②独立砖柱、房上烟囱勾缝,按图示尺寸展开面积以平方米计算。

(4)女儿墙(包括泛水、挑砖)、阳台栏板(不扣除花格所占孔洞面积)内侧抹灰按垂直投影面积乘以系数 1.1,带压顶者乘以系数 1.3 按墙面定额执行。

(5)零星项目按设计图示尺寸以展开面积计算。

(6)墙柱面块料面层,按实贴面积计算。

(7)墙面贴块料、饰面高度在 300mm 以内者,按踢脚板定额执行。

(8)柱饰面面积按外围饰面尺寸乘以高度计算。

(9)挂贴大理石、花岗岩其他零星项目的花岗岩、大理石是按成品考虑的,花岗岩、大理石柱墩、柱帽按最大外径周长计算。

(10)除定额已列有柱帽、柱墩的项目外,其他项目的柱帽、柱墩工程量按设计图示尺寸以展开面积计算并入相应面积内,每个柱帽或柱墩另增人工的标准如下:抹灰 0.25 工日,块料 0.38 工日,饰面 0.5 工日。

(11)墙、柱(梁)饰面龙骨、基层、面层均按设计图示以面层外围尺寸展开面积计算。

(12)隔断按墙的净长乘以净高计算,扣除门窗洞口及 $0.3m^2$ 以上的孔洞所占面积。浴厕隔断中门的材质与隔断相同时,门的面积并入隔断面积内,不同时按相应门的制作项目计算。

(13)全玻隔断的不锈钢边框工程量按边框展开面积计算。

(14)全玻隔断、全玻幕墙如有加强肋者,工程量按其展开面积计算;玻璃幕墙、铝板幕墙以框外围面积计算,不扣除与幕墙同种材质的窗所占的面积。

(15)装饰抹灰分格、嵌缝按装饰抹灰面积计算。

(16)装饰线条以延长米计算;适用于窗台线、门窗套、挑檐、腰线、遮阳板及雨棚外边线等展开宽度在 300mm 以内者。

(17)干挂石材钢骨架按设计图示尺寸以重量计算。

【例 14-2】 某建筑工程如图 14-3 所示,内墙面抹 1:2 水泥砂浆底,1:3 石灰砂浆找平层、纸筋石灰浆面层,共 20mm 厚。内墙裙采用 1:3 水泥砂浆打底,1:2 水泥砂浆面层。计算内墙面抹灰工程量,确定定额项目。其中,M:1000mm×2700mm,共 3 个;C:1500mm×1800mm,共 4 个。

解:

(1)内墙面抹灰工程量 $=[(4.50×3-0.24×2+0.12×2)×2+(5.40-0.24)×4]×(3.90-0.10-0.90)-1.00×(2.70-0.90)×3-1.50×1.80×4=120.56(m^2)$

抹灰层 1:2 水泥砂浆、1:3 石灰砂浆找平层、纸筋石灰浆面层,套定额 10-234,定额基价 $=1513.37$ 元/$100m^2$。

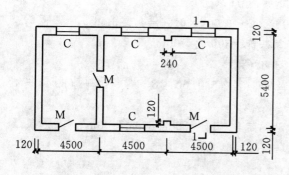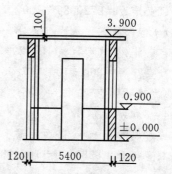

图 14-3

定额直接费＝1513.37÷100×120.56＝1824.52(元)

(2)内墙裙工程量＝[(4.50×3-0.24×2+0.12×2)×2+(5.40-0.24)×4-1.00×4]×0.90＝38.84(m²)

内墙裙采用 1∶3 水泥砂浆打底、1∶2 水泥砂浆面层,套陕西定额 10-229,定额基价＝1248.84 元/100m²。

定额直接费＝1248.84÷100×38.84＝485.05(元)

【例 14-3】某工程如图 14-4 所示,外墙面抹水泥砂浆,底层为 1∶3 水泥砂浆打底,面层为 1∶2 水泥砂浆抹面;外墙裙水刷石,1∶3 水泥砂浆打底 12mm 厚,1∶1.5 水泥白石子 10mm 厚(分格),挑檐水刷白石,厚度与配合比均与定额相同。计算外墙面抹灰和外墙裙及挑檐装饰抹灰工程量,确定定额项目。其中,M:1000mm×2500mm,共 2 个,C:1200mm× 1500mm,共 5 个。

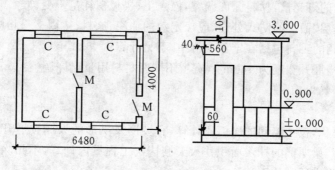

图 14-4

解:

(1)外墙面水泥砂浆工程量＝(6.48+4.00)×2×(3.6-0.10-0.90)-1.00×(2.50-0.90)-1.20×1.50×5＝43.90(m²)

砖墙面抹水泥砂浆,套陕西定额 10-244,定额基价＝1249.18 元/100m²。

定额直接费＝1249.18÷100×43.90＝548.39(元)

(2)外墙裙水刷白石子工程量＝[(6.48+4.00)×2-1.00]×0.90＝17.96(m²)

砖墙面水刷白石子 12mm+(1∶1.5)10mm 厚,套陕西定额 10-302,定额基价＝2720.86 元/100m²。

定额直接费＝2720.86÷100×17.96＝488.67(元)

(3)分格嵌缝工程量＝[(6.48+4.00)×2-1.00]×0.90＝17.96(m²)

分格嵌缝,套陕西定额 10-294,定额基价＝300 元/100m²。

定额直接费＝300÷100×17.96＝53.88(元)

(4)挑檐水刷石工程＝[(6.48+4.00)×2+0.60×8]×0.10+(6.48+4.00)×2×0.04＝3.41(m²)

挑檐水刷白石子,套陕西定额 10-306,定额基价＝5283.86 元/100m²。

定额直接费＝5283.86÷100×3.41＝180.18(元)

14.1.3 天棚工程

1. 定额说明

(1)本部分定额除部分项目为龙骨、基层,面层的合并列项外,其余均为天棚龙骨、基层、面层分别列项编制。

(2)本部分定额龙骨的种类、间距、规格和基层、面层材料的型号、规格是按常用材料和常规做法考虑的。如设计要求不同时,材料可以调整,但人工、机械消耗用量不变。若龙骨需要进行加工(例如煨曲线等),其加工费应另行计算。

(3)天棚面层在同一标高者或高差在 200mm 以内为平面天棚,天棚面层高差在 200mm 以上者为跌级天棚,其面层人工乘以系数 1.1。

(4)轻钢龙骨、铝合金龙骨项目中为双层结构(即中、小龙骨紧贴大龙骨底面吊挂),如为单层结构(大、中龙骨底面在同一水平面)时,人工乘以系数 0.85。

(5)本部分定额中平面天棚和跌级天棚指一般直线型天棚,不包括灯光槽的制作安装,灯光槽的制作安装应按本部分相应子目执行。艺术造型天棚项目中包括灯光槽的制作安装,如采用其他材质制作的灯光槽,材料允许调整,但人工、机械消耗量不变。

(6)龙骨架、基层、面层的防火处理,应按定额的油漆、涂料、裱糊工程相应子目执行。

(7)天棚检查孔的工料包括在定额项目中,不另计算。

(8)附加式灯槽展开宽度为 460mm,宽度不同时材料用量允许调整。

2. 工程量计算规则

(1)天棚抹灰。

①天棚抹灰面积,按主墙间的净面积计算;有坡度及拱形的天棚按展开面积计算;带有钢筋混凝土梁的天棚,梁两侧的抹灰面积并入天棚抹灰工程量内计算,不扣除间壁墙、垛、柱、附墙烟囱、检查孔和管道所占的面积。

②带密肋的小梁及井字梁的天棚抹灰,以展开面积计算。按混凝土天棚抹灰项目计算,每100m² 增加 4.14 工日。

③槽形板、大型屋面板、折板下勾缝,按水平投影面积乘以 1.4 计算。平板、空心板板下勾缝、火碱清洗按水平投影面积计算。

④檐口天棚抹灰,按相应天棚抹灰定额执行。

⑤天棚中的折线、灯槽线、圆弧线、拱形线等艺术形式的抹灰按展开面积计算。

⑥阳台、雨篷、挑檐下的抹灰工程量均按其水平投影面积计算。

(2)各种吊顶天棚龙骨按主墙间净空面积计算,不扣除间壁墙,检查洞附墙烟囱、柱、垛和管道所占的面积。

(3)天棚基层按展开面积计算。

(4)天棚装饰面层,按主墙间实钉(胶)面积以平方米计算,不扣除间壁墙、检查口、附墙烟囱、柱、垛和管道所占面积,但应扣除 0.3m² 以上的孔洞、独立柱、灯槽及与天棚相连接的窗帘盒所占面积。

(5)龙骨、基层、面层合并列项的子目,工程量的计算规则同(2)规定。

(6)板式楼梯底面的装饰工程量按水平投影面积乘以 1.15 系数计算,梁式楼梯底面按展开面积计算。

(7)镶嵌镜面按实贴面积以平方米计算。

(8)灯光槽按延长米计算。

(9)保温层按实铺面积计算。

(10)网架按水平投影面积计算。

(11)嵌缝按相应的天棚面积以平方米计算。

(12)送(回)风口安装设计图示数量以个计算。

(13)灯具开孔按个计算。

(14)其他吊顶均按设计图示以水平投影面积计算。其他吊顶包括栅格、吊筒、网架(装饰)、织物软塑及藤条造型悬挂吊顶。

【例 14-4】预制钢筋混凝土板底吊不上人型装配式 U 型轻钢龙骨,间距 450mm×450mm,龙骨上铺钉胶合板 3mm,面层粘贴 6mm 厚铝塑板,尺寸如图 14-5 所示。计算顶棚工程量,确定定额项目。

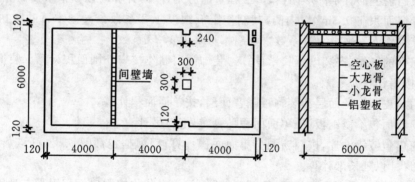

图 14-5

解:①轻钢龙骨工程量=(12-0.24)×(6-0.24)=67.74(m²)

不上人型装配式 U 型轻钢龙骨,间距 450mm×450mm,套陕西定额 10-692,定额基价=6223.92 元/100m²。

定额直接费=6223.92÷100×67.74=4216.08(元)

②基层板工程量=(12-0.24)×(6-0.24)-0.30×0.30=67.65(m²)

轻钢龙骨上铺胶合板 3mm,套陕西定额 10-741,定额基价=1393.96 元/100m²。

定额直接费=1393.96÷100×67.65=943.01(元)

③铝塑板面层工程量=(12-0.24)×(6-0.24)-0.30×0.30=67.65(m²)

面层粘贴铝塑板,套陕西定额 10-757,定额基价=8193.22 元/100m²。

定额直接费=8193.22÷100×67.65=5542.71(元)

14.1.4 门窗工程

1. 定额说明

（1）木门窗的制作、安装项目不分现场或施工企业附属加工厂制作，均执行本部分定额。

（2）普通木门窗的制作安装以一、二类木种为准。如设计采用三、四类木种时，制作人工及机械乘以系数 1.3，安装人工乘以系数 1.16，其他不变。

（3）本节木材断面或厚度均以毛料为准。如设计注明断面或厚度为净料时，应增加刨光损耗：板方材一面刨光加 3mm，两面刨光加 5mm，圆木刨光按每立方米木材增加 0.05m³ 计算。

（4）非矩形窗执行半圆形窗定额项目，断面不同亦不换算。

（5）成品木门安装时执行相应安装子目，所列的五金允许调整。

（6）装饰板门扇制作安装按木骨架、基层、饰面板面层分别计算。

（7）成品门窗（除成品木门）安装项目中，门窗附件按包含在成品门窗单价内考虑；防火门的闭门器发生时另算。

（8）折叠门安装用滑轮轨道时，按成品据实计算，安装时每套增加 0.5 工日。

（9）窗帘轨道安装、五金安装中，均包括螺丝等配件。

（10）门窗运输适用于由构件堆放场地或构件加工厂至施工现场的运输。最大运距按 20km 以内考虑，超过 20km 另行计算。

2. 工程量计算规则

（1）木门窗制作、安装按洞口面积计算。

（2）普通门窗上部有半圆形门窗者，工程量应分别计算，计算时以横框下皮为界。

（3）百叶窗面积在 0.3m² 以内的，其制作定额乘以 1.2 系数。异型木百叶窗执行矩形百叶窗项目，其制作人工乘以 1.2 系数，框、扇木材乘以 1.25 系数。

（4）木门框的制作、安装以延长米计算。装饰门扇制作按扇外围面积计算。装饰门扇及成品门扇安装按扇计算。

（5）木门扇皮制隔音面层和装饰板隔音面层，按单面面积计算。

（6）门扇双面包不锈钢板，按单面面积计算，钉泡钉另计。

（7）门窗扇包镀锌铁皮，按门窗洞口单面面积计算；门窗框包镀锌铁皮、钉毡条及橡皮条，按门窗洞口尺寸以延长米计算。

（8）铝合金门扇、彩钢组角门窗、钢门窗、塑钢门窗安装均按洞口面积以平方米计算。纱窗安装按扇外围面积计算。

（9）卷闸门安装按其安装高度乘以门的实际宽度以平方米计算。安装高度算至滚筒顶点为准。带卷筒罩的按展开面积增加。电动装置的安装以"套"计算，小门安装以"扇"计算，小门面积不扣除。

（10）防盗门、防盗窗、百叶窗按洞口面积以平方米计算。电子对讲门、不锈钢格栅门、无框玻璃门窗按框外围面积以平方米计算。

（11）成品防火门按洞口面积计算，防火卷帘门从地（楼）面算至端板顶点乘以设计宽度。

（12）电子感应门及转门以樘计算。

（13）不锈钢电动伸缩门以樘计算。

（14）不锈钢板包门框、门窗套、花岗岩门套、门窗筒子板按展开面积计算。成品门窗套安装以延长米计算。

(15)门窗贴脸按设计尺寸以延长米计算,双面钉贴脸者定额乘以 2 计算。

说明如下:筒子板是沿门窗框内侧周围加设的一层装饰性的木板,在筒子板与墙接缝处用贴脸顶贴盖缝。贴脸也称为门套线或窗套线,是沿樘子周边加钉的木线脚,用于盖住樘子与涂刷层之间的缝隙,使之整体美观。筒子板与贴脸的组合即为门窗套。如图 14-6 所示。

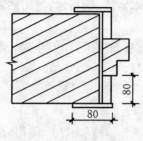

图 14-6　门窗套

(16)窗帘盒、窗帘轨道按设计尺寸以延长米计算。如设计无规定时,可按洞口宽度两边共加 30cm 计算。

(17)窗台板按实铺面积计算。如图纸未注明窗台板的宽度和长度时,可按洞口宽度两边共加 10cm 计算,凸出墙面的宽度按抹灰面另加 5cm 计算。

(18)窗帘按设计尺寸以平方米计算。

(19)门窗运输按洞口面积计算。

【例 14-5】 某工程设计有全镶板木门,共 10 樘,不带纱扇,刷底油一遍,门上安装普通门锁,门尺寸为 900mm×2400mm,单层塑钢窗(不带纱扇)共 20 樘,尺寸为 1500mm×1500mm。试计算门窗制作、安装的工程量,确定定额项目。

解: (1)全镶板木门制作、安装工程量＝0.90×2.40×10＝21.6(m²)

全镶板木门制作、安装,套用陕西定额 10-976,定额基价＝10661.46 元/100m²。

定额直接费＝10661.46÷100×21.6＝2302.88(元)

(2)单层塑钢窗(不带纱扇)制作安装工程量＝1.5×1.5×20＝45(m²)

单层塑钢窗(不带纱扇)制作安装,套陕西定额 10-965,定额基价＝23136.68 元/100m²。

定额直接费＝23136.68÷100×45＝10411.51(元)

14.1.5　油漆、涂料、裱糊工程

1.定额说明

(1)刷涂、刷油采用手工操作;喷塑、喷涂采用机械操作。操作方法不同时,不予调整。

(2)油漆浅、中、深各种颜色,已综合在定额内,颜色不同,不予调整。

(3)本部分定额在同一平面上的分色及门窗内外分色已综合考虑。如需做美术图案时另行计算。

(4)定额内规定的喷、涂、刷遍数与设计要求不同时,可按每增加一遍定额项目进行调整。

(5)喷塑(一塑三油)、底油、装饰漆、面油,其规格划分如下:

①大压花,其喷点压平、点面积在 1.2cm² 以上。

②中亚花,其喷点压平、点面积在 1~1.2cm² 以上。

③喷中点、幼点,其喷点面积在 1cm² 以下。

(6)定额中的双层木门窗(单裁口)是指双层框扇。三层二玻一纱窗是指双层框三层扇。

(7)定额中的单层木门喷(刷)油漆是按双面考虑的,如采用单面喷(刷),其定额含量乘以0.49系数计算。

(8)定额中的木扶手油漆为不带托板考虑。

(9)定额中的素色家具漆、水清木器漆、地板漆、封闭底漆、沥青漆、航标反光漆、原子灰,均按组漆考虑。

(10)涂料、裱糊项目梁柱面未单独列项的,如发生时,梁执行天棚子目,柱执行墙面子目;如无天棚子目,梁、柱均执行墙面子目。

2. 工程量计算规则

(1)木材面的工程量分别按表14-1、14-2、14-3、14-4相应的计算规则计算。

(2)金属面的工程量分别按表14-5、14-6、14-7相应的计算规则计算。

①钢门窗油漆按洞口面积计算,定额中未列出的项目按表14-5执行。

②瓦垄铁屋面(包括挑檐部分)均按图示尺寸的水平投影面积乘以延尺系数,以平方米计算。不扣除0.3m² 以内的孔洞、烟囱所占的面积。

③檐沟、天沟、水落管、泛水、金属构件以图示尺寸的展开面积计算。定额中未列出的项目按表14-6执行,套用檐沟定额。

④其他金属面油漆(防火涂料)按重量以吨计算,定额中未列出的项目按表14-7执行,套用其他金属面定额。

(3)楼地面、天棚、墙、柱、梁面的喷(刷)涂料、抹灰面油漆及裱糊工程,均按表14-8相应的计算规则计算。

(4)定额中的隔墙、护壁、柱、天棚木龙骨及木地板中木龙骨带毛地板,刷防火涂料工程量计算规则如下:

①隔墙、护壁木龙骨按其面层正立面投影面积计算。

②柱木龙骨按其面层外围面积计算。

③天棚木龙骨按其展开面积计算。

④木地板中木龙骨及木龙骨带毛地板按地板面积计算。

(5)隔墙、护壁、柱、天棚面层及木地板刷防火涂料,执行其他木材面刷防火涂料相应子目。

(6)木楼梯(不包括底面)油漆,按水平投影面积乘以2.3系数,执行木地板相应子目。

(7)附表。

①木材面油漆。执行木门、木窗、木扶手定额工程量的系数如表14-1、表14-2、表14-3所示。执行其他木材面定额的工程量系数如表14-4所示。

②金属面油漆。执行钢门窗、檐沟定额工程量的系数如表14-5、14-6所示。执行其他金属面定额工程量系数如表14-7所示。

③抹灰面油漆、涂料、裱糊工程量系数如表14-8所示。

表 14-1 执行木门定额其工程量系数表

项目名称	系数	工程量计算方法
单层木门	1.00	
双层(一玻一纱)木门	1.36	
双层(单裁口)木门	2.00	按单面洞口面积计算
单层全玻门	0.83	
木百叶门	1.25	

表 14-2 执行木窗定额其工程量系数表

项目名称	系数	工程量计算方法
单层玻璃窗	1.00	
双层(一玻一纱)木窗	1.36	
双层框扇(单裁口)木窗	2.00	
双层框三层(两玻一纱)木窗	2.60	按单面洞口面积计算
单层组合窗	0.83	
双层组合窗	1.13	
木百叶窗	1.25	

表 14-3 执行木扶手定额其工程量系数表

项目名称	系数	工程量计算方法
木扶手(不带托板)	1.00	
木扶手(带托板)	2.60	
封檐板、顺水板	1.74	按延长米计算
挂衣板、黑板框、单独木线条 100mm 以外	0.52	
挂衣板、黑板框、单独木线条 100mm 以内	0.35	

表 14-4 执行其他木材面定额工程量系数表

项目名称	系数	工程量计算方法
木板、纤维板、胶合板天棚	1.00	
木护墙、木墙裙	1.00	长×宽
窗台板、筒子板、盖板、门窗套、踢脚线	1.00	

项目名称	系数	工程量计算方法
清水板条天棚、檐口	1.07	按单面外围面积计算
木方格吊顶天棚	1.20	
吸音板墙面、天棚面	0.87	
暖气罩	1.28	
木间壁、木隔断	1.9	
玻璃间壁露明强筋	1.65	
木栅栏、木栏杆(带扶手)	1.82	
衣柜、壁柜	1.00	按实刷面积计算
零星木装修	1.10	
梁柱饰面	1.00	展开面积
窗帘盒	1.00	

表 14－5 执行钢门窗油漆定额工程量系数表

项目名称	系数	执行定额	工程量计算方法	项目名称	系数	执行定额	工程量计算方法
双层窗	2.00	单层钢窗	洞口面积	双面间壁	0.94	单层钢门	长×宽
钢百叶窗	2.35	单层钢窗	洞口面积	厂库房平开、推拉门	1.20	单层钢门	洞口面积
半截百叶钢门	1.56	单层钢门	洞口面积	钢丝网大门	0.57	单层钢门	洞口面积
包铁皮门	1.15	单层钢门	洞口面积	铁栅栏杆、铁栅门	0.47	单层钢门	洞口面积
钢折叠门	1.61	单层钢门	洞口面积	推拉伸缩铁门	0.78	单层钢门	单面拉开外围面积
单面间壁	0.47	单层钢门	长×宽	推拉伸缩铁窗	1.30	单层钢门	单面拉开外围面积

表 14－6 执行檐沟定额其工程量系数表

项目名称	系数	工程量计算方法
门窗框包铁皮	0.3	每延米折合平方米
白铁皮水落斗	0.4	每个折合平方米
管道	1.00	展开面积
楼梯铁栏杆、窗栅栏	0.40	单面外围面积
伸缩缝盖板	1.05	展开面积

表14-7 执行其他金属面定额其工程量系数表

项目名称	系数	项目名称	系数
钢屋架、天窗架、挡风架、屋面梁支架、檩条	1.00	轻型屋架	1.42
墙架(空腹式)	0.50	踏步式钢楼梯	1.05
墙架(格板式)	0.82	格子走台、操作台	1.32
钢柱、吊车梁、花式梁柱、空花构建	0.63	网架	1.39
钢板、操作台、走台、制动梁、钢梁车档	0.71	钢爬梯	1.18
伸缩缝盖板	1.32		

表14-8 抹灰面油漆、涂料、裱糊工程量系数表

项目名称	系数	工程量计算方法
混凝土楼梯底(板式)	1.15	水平投影面积
混凝土楼梯底(梁式)	1.00	展开面积
混凝土花格窗、栏杆花饰	1.82	单面外围面积
楼地面、天棚、墙、柱、梁面	1.00	展开面积
织物面喷阻燃剂	1.00	实际喷涂面积

【例14-6】某建筑工程如图14-7所示尺寸,三合板木墙裙刮腻子,刷硝基清漆6遍,磨退出亮,墙面、顶棚刷乳胶漆3遍(抹灰面)。计算工程量,确定定额项目。

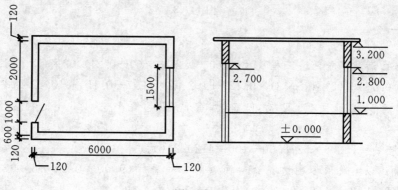

图14-7

解:(1)墙裙刷硝基清漆工程量=[(6.00-0.24+3.60-0.24)×2-1.00+0.12×2]×1.00×1.00(系数)=17.48(m²)

墙裙刷硝基清漆2遍,套陕西定额10-1035,定额基价=1278.55×3=3835.65元/100m²。

定额直接费=3835.65÷100×17.48=670.47(元)

(2)顶棚刷乳胶漆工程量=5.76×3.36=19.35(m²)

顶棚刷乳胶漆 2 遍,套陕西定额 10 - 1331。

乳胶漆抹灰面每增加一遍,套陕西定额 10 - 1332。

定额基价 = 1002.08 元/100m² + 224.91 元/100m² = 1226.99 元/100m²

定额直接费 = 1226.99 ÷ 100 × 19.35 = 237.42(元)

(3)墙面刷乳胶漆工程量 = (5.76 + 3.36) × 2 × 2.20 - 1.00 × (2.70 - 1.00) - 1.50 × 1.80 + (1 + 1.7 × 2) × 0.12 + (1.5 + 1.8 × 2) × 0.12 = 36.87(m²)

顶棚刷乳胶漆 2 遍,套陕西定额 10 - 1331。

乳胶漆抹灰面每增加一遍,套陕西定额 10 - 1332。

定额基价 = 1002.08 元/100m² + 224.91 元/100m² = 1226.99 元/100m²

定额直接费 = 1226.99 ÷ 100 × 36.87 = 452.39(元)

【例 14 - 7】 某工程如图 14 - 8 所示,内墙抹灰面满刮腻子两遍,贴对花墙纸;挂镜线刮原子灰、调和漆两遍,磁漆一遍;挂镜线以上及顶棚刷仿瓷涂料两遍。计算工程量,确定定额项目。

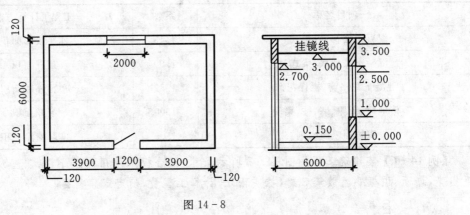

图 14 - 8

解:

(1)内墙面满刮腻子两遍工程量 = (9.00 - 0.24 + 6.00 - 0.24) × 2 × (3 - 0.15) - 2 × 1.5 - 1.2 × (2.7 - 0.15) + (2 + 1.5 × 2) × 0.12 + [1.2 + 2 × (2.7 - 0.15)] × 0.12 = 78.06(m²)

内墙面满刮腻子两遍,贴对花墙纸,套陕西定额 10 - 1460,定额基价 = 5278.30 元/100m²。

定额直接费 = 78.06 × 5278.30 ÷ 100 = 4120.24(元)

(2)挂镜线以上及顶棚刷仿瓷涂料两遍的工程量 = (9.00 - 0.24 + 6.00 - 0.24) × 2 × (3.5 - 3) + (9 - 0.24) × (6 - 0.24) = 64.98(m²)

内挂镜线以上及顶棚刷仿瓷涂料两遍,套陕西定额 10 - 1325,定额基价 = 629.2 元/100 m²。

定额直接费 = 64.98 × 629.2 ÷ 100 = 408.85(元)

(3)挂镜线工程量 = (9.00 - 0.24 + 6.00 - 0.24) × 2 × 0.35(系数) = 10.16(m)

挂镜线刮原子灰、调和漆两遍,磁漆一遍,套陕西定额 10 - 1340,定额基价 = 212.20 元/100m。

定额直接费 = 212.20 ÷ 100 × 10.16 = 21.56(元)

14.1.6 其他工程

1. 定额说明

(1)在实际施工中使用的材料品种、规格与定额确定的不同时,可以换算,但人工和机械不变。

(2)定额中铁件已经包括刷防锈漆一遍。如设计需涂刷油漆、防火涂料时按表 14-8 油漆、涂料、裱糊工程相应子目执行。

(3)招牌基层和面层。

①平面招牌是指安装在门前的墙面上;箱体招牌、竖式标箱是指六面体固定在墙面上;沿雨篷、檐口、阳台走向的立式招牌,按平面招牌复杂项目执行。

②一般招牌和矩形招牌是指正立面平整无凸面;复杂招牌和异性招牌是指正立面有凹凸造型。

③招牌的灯饰均不包括在定额内。

(4)美术字的安装。

①美术字均以成品安装固定为准。

②美术字不分字体均执行本部分定额。

③本部分定额以汉字为准,其他语种按实际发生计算。

(5)装饰线条。

①木装饰线、石膏装饰线、塑料装饰线、石膏板装饰线、GRC 线条、成品装饰柱均以成品安装为准(石膏、硬木成品装饰柱高度是按 4.5m 考虑的,超过时人工乘以 1.2 系数)。

②石材装饰线条均以成品安装为准。石材装饰线条磨边、磨圆角均包括在成品的单价中,不再另计。

(6)石材磨边、磨斜角、磨半圆边及台面开孔子目均为现场磨制。

(7)装饰线条以墙面上直线安装为准,如天棚安装直线型、圆弧型或其他图案者,按以下规定计算:

①天棚面安装直线装饰线条人工乘以 1.34 系数。

②天棚面安装圆弧装饰线条人工乘以 1.6 系数,材料乘以 1.1 系数。

③墙面安装圆弧装饰线条人工乘以 1.2 系数,材料乘以 1.1 系数。

④装饰线条做艺术图案者,人工乘以 1.8 系数,材料乘以 1.1 系数。

(8)暖气罩挂板式是指钩挂在暖气片上;平墙式是指凹入墙内;明式(全板式)是指凸出墙面;半凸半凹式按明式定额子目执行。

(9)货架、柜类定额中未考虑面板拼花及饰面板上贴其他材料的花饰、造型艺术品。

(10)书架按货架项目执行。

2. 工程量计算规则

(1)招牌、灯箱。

①平面招牌基层按正立面面积计算,复杂形的凹凸造型部分亦不增减。

②沿雨篷、檐口或阳台走向的立式招牌基层,按平面招牌复杂型执行时应按展开面积

计算。

③箱体招牌和竖式标箱的基层,按外围体积计算。突出箱外的灯饰、店徽及其他艺术装潢等均另行计算。

④灯箱的面层按展开面积计算。

⑤广告牌钢骨架以重量计算。

(2)美术字安装按字的最大外围矩形面积以个计算。

(3)压条、装饰线条均按延长米计算,成品装饰柱按根计算。

(4)暖气罩(包括脚的高度在内)按边框外围尺寸垂直投影面积计算。

(5)镜面玻璃安装、盥洗室木镜箱以正立面面积计算。

(6)塑料镜箱、毛巾环、肥皂盒、金属帘子杆、浴缸拉手、毛巾杆安装以只或副计算。不锈钢旗杆以延长米计算。大理石洗漱台以台面投影面积计算(不扣除孔洞面积)。

(7)货架、柜橱类、吧台大理石台板、博古架均以正立面的高(包括脚的高度在内)乘以宽以平方米计算。

(8)收银台、试衣间以个计算,柜台、展台、柜类、附墙柜、服务台以延长米计算。

(9)鞋架、存包柜按组计算。

(10)晒衣架安装按套计算。

【例 14-8】 某工程檐口上方设招牌,长 28m,高 1.5m,一般钢结构基层,塑铝板面层,上嵌 8 个 1m×1m 泡沫塑料有机玻璃面大字。计算工程量,确定定额项目。

解:(1)基层工程量=28×1.5=42(m²)

一般钢结构基层,套陕西定额 10-1470,定额基价=12441.16 元/100m²。

定额直接费=42×12441.16÷100=5225.29(m²)

(2)面层工程量=42m²

塑铝板面层,套陕西定额 10-1486,定额基价=976.44 元/10m²。

定额直接费=42×976.44÷10=4101.05(元)

(3)美术字工程量=8(个)

1.0m² 以内泡沫塑料有机玻璃面大字,套陕西定额 10-1498,定额基价=946.43 元/10 个。

定额直接费=946.43÷10×8=757.14(元)

14.2 工程量清单计量与计价

14.2.1 楼地面工程工程量的计算

1.清单项目设置及说明

(1)楼地面工程清单项目表,见表 14-9。

表 14 – 9　楼地面工程清单项目表

项　目	清　单　项　目
楼地面工程	
整体面层(020101)	水泥砂浆楼地面（020101001）、水磨石（020101002）、细石混凝土（020101003）、菱苦土(020101004)
块料面层(020102)	石材面层(020102001)、块料面层(020102002)
橡胶面层(020103)	橡胶楼地板(020103001)、橡胶卷材(020103002)、塑料板(020103003)、塑料卷材(020103004)
其他材料(020104)	地毯(020104001)、竹木地板(020104002)、防静电地板(020104003)、金属复合板(020104004)
踢脚线(020105)	水泥砂浆踢脚线（020105001）、石材踢脚线（020105002）、块料踢脚线（020105003）、水磨石踢脚线（020105004）、塑料板踢脚线（020105005）、金属踢脚线(020105007)、防静电踢脚线(020105008)
楼梯装饰(020106)	石材楼梯面层(020106001)、块料楼梯面层(020106002)、砂浆楼梯面层(020106003)、水磨石楼梯面层(020106004)、地毯楼梯面层(020106005)、木板楼梯面层(020106006)
扶手栏杆(020107)	金属扶手栏杆(020107001)、木扶手栏杆(020107002)、塑料扶手栏杆(020107003)
台阶装饰(020108)	石材台阶面（020108001）、块料台阶面（020108002）、砂浆台阶面(020108003)、水磨石台阶面(020108004)、斩假石台阶面(020108005)
零星装饰(020109)	石材零星项目(020109001)、碎拼石材零星项目(020109002)、块料零星项目(020109003)、水泥砂浆零星项目(020109004)

（2）有关注意事项。

①零星装饰项目适用小面积（0.5m² 以内）、少量分散的楼地面装饰，其工程部位或名称应在清单项目中进行描述。

②楼梯、台阶侧面装饰，可按零星装饰项目编码列项，并在清单项目中描述。

③扶手、栏杆适用于楼梯、阳台、走廊、回廊及其他装饰性扶手、栏杆、栏板。

④单跑楼梯不论其中间是否有休息平台，其工程量同双跑楼梯。楼梯最好分单跑、双跑和三跑分别编制。

⑤包括垫层的地面和不包括垫层的楼面应分别编码（第五级）列项，分别计算工程量。

2. 清单项目工程量计算

(1)整体面层、块料面层楼地面,其工程量按设计图示尺寸以面积以平方米计算。

①扣除凸出地面构筑物、设备基础、室内铁道、地沟等所占面积。

②不扣除间壁墙和 0.3m² 以内的柱、垛、附墙烟囱及孔洞所占面积。

③不增加门洞、空圈等开口部分的面积,不扣除间壁墙所占面积指的是墙厚 180mm 及以内的砖墙、砌块墙和墙厚 100mm 及以内的钢筋混凝土墙(非承重墙)所占楼地面面积。计算公式如下:

$$S = 底层建筑面积 - 墙体所占面积 - 其他应扣除的面积$$

$$= S_{底} - L_{中} \times 墙厚 - L_{内} \times 墙厚 - 其他应扣除的面积 + 台阶上平台面积$$

$$S = 楼层建筑面积 - 墙体所占面积 - 其他应扣除的面积$$

$$= S_{楼} - L_{中} \times 墙厚 - L_{内} \times 墙厚 - 其他应扣除的面积 - 楼梯面积$$

(2)其余楼地面:按设计图示尺寸以面积以平方米计算,门洞、空圈等开口部分的面积并入相应的楼地面工程量内。

$$S = 楼层建筑面积 - 墙体所占面积 + 开口部分的面积$$

$$= S_{底} - L_{中} \times 墙厚 - L_{内} \times 墙厚 + 开口部分的面积$$

(3)踢脚线:按设计图示长度乘高度以面积以平方米计算。

踢脚线的长度应扣除门洞口的宽度,增加门洞口侧壁的长度(洞口侧壁的长度与门安装的位置有关)。踢脚线的高度来源于设计说明中的用料表备注。

(4)楼梯装饰:各种楼梯装饰的工程量按设计图示尺寸以楼梯(包括踏步、休息平台及 500mm 以内的楼梯井)水平投影面积以平方米计算。(算至水平梁为界,无梁者,算至最上一个踏步边沿加 300mm,同混凝土计算)。

$$S = 混凝土楼梯清单工程量$$

(5)扶手、栏杆:适用于楼梯、阳台、回廊等,其工程量按设计图示扶手中心线以长度以米计算,包括弯头长度。(楼梯扶手按"斜长 + 水平长度 + 弯头长度"计算)

(6)台阶装饰:按设计图示尺寸以台阶(包括最上层踏步边沿加 300mm)水平投影面积以平方米计算。

$$S = 混凝土台阶清单工程量$$

14.2.2 墙柱面工程工程量的计算

1. 清单项目设置及说明

(1)墙、柱面工程清单项目表如表 14 - 10 所示。

表 14-10 墙、柱面工程清单项目表

项 目		清 单 项 目
墙柱面工程	墙面抹灰(020201)	一般抹灰(020201001)、墙面装饰性抹灰(020201002)、墙面勾缝(020201003)
	柱面抹灰(020202)	一般抹灰(020202001)、柱面装饰性抹灰(020202002)、柱面勾缝(020202003)
	零星抹灰(020203)	一般抹灰(020203001)、装饰性抹灰(020203002)
	墙面镶贴块料(020204)	石材墙面(020204001)、碎拼石材墙面(020204002)、块料墙面(020204003)、干挂石材钢骨架(020204004)
	柱面(梁面)镶贴块料(020205)	石材柱面(020205001)、碎拼石材柱面(020205002)、块料柱面(020205003)、石材梁面(020205004)、块料梁面(020205005)
	零星镶贴块料(020206)	石材零星项目(020206001)、碎拼石材零星项目(020206002)、块料零星项目(020206003)
	墙饰面(020207)	装饰板墙面(020207001)
	梁柱饰面(020208)	柱面装饰(020208001)、梁面装饰(020208002)
	隔断(020209)	隔断(020209001)
	幕墙(020210)	带骨架幕墙(020210001)、全玻幕墙(020210002)

(2)有关项目特征说明。在项目特征说明中,通常应描述墙体类型、底层厚度、砂浆配合比、抹灰层厚度、块料饰面材质、基层材料、刷防护材料种类、油漆遍数等内容。

①墙体类型:指砖墙、砼墙、砌块墙、轻质墙等。

②抹灰层底层、面层的厚度应根据设计规定确定(一般设计采用的是标准图集中的做法)。

③块料装饰面板是指石材(花岗岩、大理石)、面砖(釉面砖、磁砖、玻璃面砖)、面板(不锈钢面板、铝合金、铝塑板、塑料饰面板、木质饰面板等)。

④挂贴方式和干挂方式挂贴:对大规格的石材(大理石、花岗岩、青石)使用先挂后灌浆的方式固定于墙柱面。直接干挂法是通过不锈钢膨胀螺栓、挂件、连接件、钢针等,将外墙饰面板连接在外墙、柱面。间接干挂法是通过固定在墙、柱、梁上的龙骨,再通过各种挂件固定外墙饰面板。

⑤基层材料指面层下的底板材料,如木墙裙、木板隔墙,在龙骨上粘贴加强面层的底板。

⑥防护材料是指石材等防碱背涂处理剂和面层防酸涂剂。

2. 主要清单项目工程量计算

(1)墙面抹灰:其工程量按设计图示尺寸以面积计算。

①扣除墙裙、门窗洞口及单个 0.3m² 以外的孔洞面积。

②不扣除踢脚线、挂镜线、墙与构件交接处的面积。

③不增加门窗洞口和孔洞的侧壁及顶面的面积。

④附墙柱、垛侧壁抹灰并入相应的墙面面积内。外墙外面按外墙垂直投影面积计算,$S=$

$L_{外}$×高－门窗洞口－外墙裙。外墙裙按其长度乘以高度计算，$S=L_{外}$×墙裙高度－门窗洞口所占部分面积。外墙内面按外墙内面净长线乘以净高计算，$S=(L_{中}-4$×墙厚－T 型接头个数×内墙厚度)×净高－洞口的面积－内墙裙。内墙双面按主墙间的净长乘以净高计算，$S=[(L_{内}-$内墙与内墙的十字接头个数×墙厚)×净高－门窗洞口面积]×2－内墙裙。

(2)墙、梁面贴块料：按设计图示尺寸以面积平方米计算。

(3)干挂石材钢骨架：按设计图示尺寸以重量以吨计算。

(4)墙饰面：装饰板墙面，其工程量按设计图示墙净长乘以净高以面积以平方米计算，扣除门窗洞口及单个 $0.3m^2$ 以上的孔洞所占面积(即实贴面积，即装饰板墙面要增加洞口的侧壁和顶面)。

(5)柱面装饰：包括一般抹灰、装饰抹灰和贴块料、装饰面板，其工程量按设计图示柱断面周长乘以高度以面积以平方米计算。

(6)隔断：按设计图示框外围尺寸以面积以平方米计算。

①扣除单个 $0.3m^2$ 以上的孔洞所占面积。

②浴厕门的材质与隔断相同时，门的面积并入隔断面积内。

(7)幕墙：按设计图示尺寸以幕墙外围面积以平方米计算。

①带肋全玻幕墙按展开面积计算。

②与幕墙同种材质的窗所占面积不扣除，但应在项目中加以说明。

3. 工程量计算注意事项

(1)零星抹灰和零星贴块料面层项目适用于小面积($0.5m^2$)以内少量分散的抹灰和块料面层。

(2)设置在隔断、幕墙上的门窗，可包括在隔墙、幕墙内，也可单独列项编码，并在清单项目中进行描述。

(3)墙面抹灰时不扣除与构件交接处的面积，是指墙与梁的交接处所占面积，不包括墙与楼板的交接。

(4)外墙裙的高度注意要考虑室内外高差。

(5)在计算柱面抹灰时，按柱断面周长乘以柱高计算，柱断面周长是指结构断面周长。

(6)装饰板柱梁面按设计外围尺寸乘以高度计算，外围饰面尺寸是指饰面层表面尺寸。

14.2.3 天棚工程工程量的计算

1. 清单项目设置及说明

(1)天棚工程共包括三部分 9 个项目，其中天棚抹灰 1 项(常用项目)，天棚吊顶 6 项(常用项目 1 项)，天棚其他装饰 2 项。

①天棚抹灰(020301001)。

②天棚吊顶(020302001)。

③格栅吊顶(020302002)、吊筒吊顶(020302003)、造型悬挂吊顶(020302004)、织物软雕吊顶(020302005)、网架装饰吊顶(020302006)。

④灯带(020304001)。

⑤送风口、回风口(020305001)。

(2)有关项目特征的说明。在项目特征中,应描述天棚基层类型及材料、龙骨类型及其间距、天棚材料等情况。

①天棚抹灰项目基层类型有现浇混凝土天棚、预制混凝土天棚、木板条等。

②龙骨类型有上人或不上人、平面或造型等,矩形或圆弧形或拱形等。

③基层材料是指底板或面层背后的加强材料。

④龙骨中距是指相邻龙骨中线之间的距离。

⑤天棚面层:天棚面层材料有石膏板(装饰石膏板,纸面石膏板)、装饰吸音板(矿棉装饰板,埃特板)、塑料装饰板、金属板(铝合金面板)、木质装饰板(胶合板)、纤维水泥加压板、玻璃饰面等。

(3)采光天棚和天棚设置保温、隔热、吸音层时,按工程量清单相关项目列项编码。

(4)天棚的检查孔、天棚内的检修走道、灯槽应包括在报价内。

(5)抹装饰线条线角的道数以一个突出的棱角为一道线,应在报价时注意。

2. 主要清单项目工程量计算

(1)天棚抹灰:按设计图示尺寸以水平投影以平方米计算(室内净面积)。

①不扣除间壁墙、柱、垛、附墙烟道、检查口和管道所占的面积。

②檐口天棚、带梁天棚梁的两侧抹灰面积并入天棚面积内。

③板式楼梯底面抹灰按斜面积计算,锯齿形楼梯底板抹灰按展开面积计算。

$$S = S_{楼层} - (L_{中} + L_{内}) \times 墙厚 + S_{梁侧面} + S_{檐口板底} + S_{雨篷阳台} + S_{楼梯}$$

(2)天棚吊顶:按设计图示尺寸以水平投影以平方米计算。

①不扣除间壁墙、检查口、附墙烟道、柱垛和管道所占的面积。

②扣除 $0.3m^2$ 以上孔洞、独立柱及与天棚相连的窗帘盒所占面积。

$$S = S_{楼层} - (L_{中} + L_{内}) \times 墙厚 - 应扣除面积$$

(3)其他吊顶(如格栅吊顶、吊筒吊顶、网架装饰吊顶等):按设计图示尺寸以水平投影面积以平方米计算。

天棚抹灰和天棚吊顶工程量计算规则有所不同:天棚抹灰不扣除柱垛包括独立柱所占面积;天棚吊顶不扣除柱垛所占面积,但扣除独立柱所占面积。柱垛是指与墙相连的柱面突出墙体部分。

(4)天棚装饰。

①灯带:按设计图示尺寸以框外围面积以平方米计算。

②送风口、回风口:按设计图示数量以个计算。

14.2.4 门窗工程工程量的计算

1. 清单项目设置及说明

(1)门窗工程工程量清单项目表见表14-11。

表 14-11 门窗工程工程量清单项目表

项　　目		清　单　项　目
门窗工程	木门(020401)	镶板木门（020401001）、企口木板门（020401002）、实木装饰门（020401003）、胶合板门（020401004）、夹板装饰门（020401005）、木质防火门（020401006）、木纱门（020401007）、连窗门（020401008）
	金属门(020402)	金属门平开门（020402001）、金属推拉门（020402002）、金属地弹门（020402003）、彩板门（020402004）、塑钢门（020402005）、防盗门（020402006）、钢制防火门（020402007）
	金属卷帘门(020403)	金属卷帘门（020403001）、金属格栅门（020403002）、防火卷帘门（020403003）
	其他门(020404)	电子感应门（020404001）、转门（020404002）、电子对讲门（020404003）、电动伸缩门（020404004）、全玻门（020404005）、自由门（020404006）、半玻门（020404007）、镜面不锈钢饰面门（020404008）
	木窗(020405)	平开窗（020405001）、推拉窗（020405002）、百叶窗（020405003）、固定窗（020405004）、组合窗（020405005）
	金属窗(020406)	金属推拉窗（020406001）、金属平开窗（020406002）、金属固定窗（020406003）、金属百叶窗（020406004）、金属组合窗（020406005）、彩板窗（020406006）、塑钢窗（020406007）、金属防盗窗（020406008）、金属格栅窗（020406009）
	特殊五金(020407)	特殊五金（020407001）
	门窗套(020408)	木门门套（020408001）、金属门门套（020408002）、石材门窗套（020408003）、门窗木贴脸（020408004）、硬木筒子板（020408005）、饰面夹板筒子板（020408006）
	窗帘盒、窗帘轨(020409)	木窗帘盒（020409001）、塑料窗帘盒（020409002）、铝合金窗帘盒（020409003）、窗帘轨（020409004）
	窗台板(020410)	木窗台板（020410001）、铝塑窗台板（020410002）、石材窗台板（020410003）、金属窗台板（020410004）

(2)门窗中应含油漆、五金等内容。

(3)"特殊五金"项目(020406010)是指贵重及业主认为应单独列项的五金配件。特殊五金是指拉手、门锁、窗锁等,用途是指具体使用的门或窗,应在工程量清单中进行描述。

(4)门窗以"樘"为计量单位列项时,项目特征中应注意描述门窗的洞口尺寸。

(5)在项目特征说明中,应描述门窗类型、门窗材质、门窗框断面尺寸、品牌、特殊五金名称等内容。

①门窗类型是指单扇或双扇、有亮或无亮、半玻或全玻、是否带百叶、开启方式(平开、推拉等)。

②框断面尺寸(或面积)是指立梃截面尺寸,一般选用标准图集做法。见陕(02J06-4)陕

西省建筑标准设计图集。

③凡是面层材料有品种、规格、品牌、颜色等要求者，应在工程量清单中进行描述。

2. 主要清单项目工程量计算

(1)各类门窗：包括木门、金属门、卷帘门、其他门、木窗、金属窗等。其工程量按设计图示数量以“樘”或设计图示洞口面积以平方米计算。

(2)门窗套按设计图示尺寸展开面积以平方米计算。

(3)窗帘盒、窗帘轨、窗台板按设计图示尺寸以长度以米计算。门窗套、贴脸、筒子板和窗台板项目应包括底层抹灰，如底层抹灰已包括在墙、柱面底层抹灰内，应在工程量清单中进行描述。

(4)特种五金(业主认为应单独列项时)按图示数量以个(套)计算。

14.2.5 油漆涂料工程工程量的计算

1. 清单项目设置及说明

(1)油漆、涂料工程清单项目表见表14-12。

表14-12 油漆、涂料工程清单项目表

	项目	清单项目
油漆涂料工程	门油漆(020501)	门油漆(020501001)
	窗油漆(020502)	窗油漆(020502001)
	木扶手等油漆(020503)	木扶手油漆(020503001)，窗帘盒油漆(020503002)，封檐板、顺水板油漆(020503003)，挂衣板、黑板框油漆(020503004)，挂镜线、窗帘棍油漆(020503005)
	木材面油漆(020504)	木板纤维与胶合板油漆(020504001)，木墙裙等油漆(020504002)，窗台板、筒子板、盖板、门窗套、踢脚线油漆(020504003)，清水板条天棚、檐口油漆(020504004)，木方格吊顶天棚油漆(020504005)，吸音墙面板、天棚面油漆(020504006)，暖气罩油漆(020504007)
	金属面油漆(020505))	金属面油漆(020505001)
	抹灰面油漆(020506)	抹灰面油漆(020506001)、抹灰线条油漆(020506002)
	喷刷涂料(020507)	喷刷涂料(020507001)
	花饰线条涂料(020508)	空花格、栏杆刷涂料(020508001)，线条刷涂料(020508002)
	裱糊(020509)	墙纸裱糊(020509001)、织锦缎裱糊(020509002)

(2)油漆如果是同门窗工程同时发包的，应列入门窗工程。本分部工程项目适用于单独发包的油漆工程。

(3)注意的问题与说明。

①有线角、线条、压条的油漆、涂料的工料消耗应包括在报价内。

②抹灰面的油漆、涂料，应注意基层的类型，如一般抹灰墙柱面与拉条灰、拉毛灰、甩毛灰等油漆、涂料的工料的消耗量是不一样的，因此，清单描述应明确基层抹灰类型。

③刮腻子应考虑刮腻子遍数以及是满刮还是找补腻子。

④墙纸的裱糊,还应注意描述是否对花。因为对花要求相对费工时、费材料,所以报价时应考虑。

2. 主要清单项目工程量计算

(1)门窗油漆:按设计图示数量以樘计算。

(2)木扶手工程量按中心线斜长以米计算,弯头长度应计算在扶手长度内。

(3)木材面按设计图示尺寸面积以平方米计算。

①木隔断按单面外围面积计算。

②木地板设计图示尺寸面积以平方米计算,空调、空圈、暖气包槽、壁龛的开口部分并入相应的工程量。

(4)金属面油漆按设计图示构件以重量以吨计算。

(5)抹灰面油漆按设计图示尺寸以面积(长度)以平方米(米)计算。

(6)涂料按按设计图示尺寸以面积(长度)以平方米(米)计算。

14.2.6 其他工程工程量的计算

1. 清单项目设置及说明

(1)其他工程清单项目见表14-13。

表14-13 其他工程清单项目

	项 目	清 单 项 目
其他工程	柜类、货架(020601)	柜类、货架(020601001—020601020)
	暖气罩(020602)	饰面板暖气罩(020602001)、塑料板暖气罩(020602002)、金属板暖气罩(020602003)
	浴厕配件(020603)	洗漱台(020603001)、晒衣架(020603002)、帘子杆(020603003)、浴缸拉手(020603004)、毛巾杆(020603005)、毛巾环(020603006)、卫生纸盒(020603007)、肥皂盒(020603008)、镜面玻璃(020603009)、镜箱(020603010)
	压条、装饰线(020604)	金属装饰线(020604001)、木质装饰线(020604002)、石材装饰线(020604003)、石膏装饰线(020604004)、镜面装饰线(020604005)、铝塑装饰线(020604006)、塑料装饰线(020604007)
	雨蓬、旗杆(020605)	雨蓬吊挂饰面(020605001)、金属旗杆(020605002)
	招牌、灯箱(020606)	平面、箱式招牌(020606001),竖式标箱(020606002),灯箱(020606003)
	美术字(020607)	泡沫塑料字(020607001)、有机玻璃字(020607002)、木质字(020607003)、金属字(020607004)

(2)相关问题与说明。

①厨房壁柜与吊柜以嵌入墙内者为壁柜,以支架固定在墙上的为吊柜。

②压条、装饰线等项目已包括在门扇、墙柱面、天棚等项目内的,不得再单独列项。

③洗漱台项目适用于石质(天然石材、人造石材)、玻璃等。

④旗杆的砌砖或混凝土台座、台座的饰面可按建筑工程和安装工程的有关章节(14.1.1节)另行列项编码,也可纳入旗杆报价内。

⑤美术字不分字体,按大小规格分类,固定方式是指粘贴、焊接、铁钉、螺栓、铆钉固定。

2.清单项目工程量计算

(1)柜台、货架:包括柜台、衣柜、厨房壁柜、吊柜、吧台等,其工程量按设计图示数量以个计算,即以能分离的、同规格的单体个数计算,当尺寸不同时,应分别计算。

(2)暖气罩按设计图示尺寸以垂直面积(不展开)以平方米计算。

(3)浴厕配件。

①洗漱台按设计图示尺寸台面外接矩形面积以平方米计算,挡板、吊沿板面积并入台面面积内。

②镜面玻璃按设计图示尺寸以边框外围面积以平方米计算。

③拉手、杆、盒等按设计图示数量以根(套、副、个)计算。

 思考与练习

1.楼地面块料面层和水泥砂浆面层工程量的计算规则分别是什么?

2.楼梯面层工程量该如何计算?

3.计算内墙面一般抹灰时,长度和高度如何计算?

4.吊顶的龙骨和面层的工程量怎样计算?

第15章

工程计量与计价案例分析

15.1 工程计量案例分析

【案例分析15-1】砖混结构工程计量综合习题(±0.00以下砖混结构)

某工程土壤类别为三类土,基础为钢筋混凝土带形基础(外墙下)和砖大放脚条形基础。基础平面图及剖面图如图15-1所示,室内外高差为0.6m。试编制该工程工程量清单。

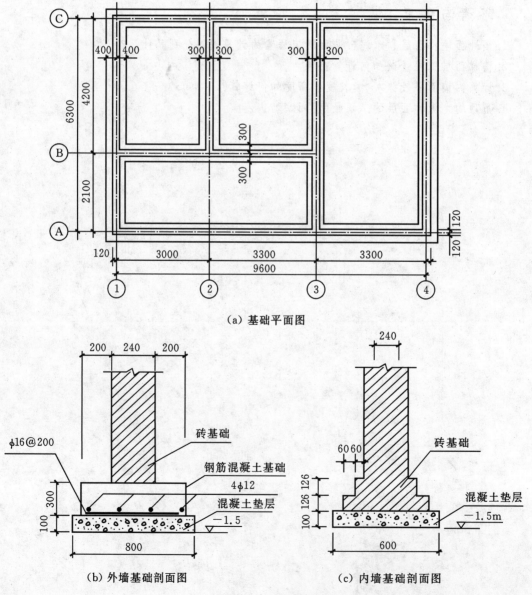

(a) 基础平面图

(b) 外墙基础剖面图

(c) 内墙基础剖面图

图15-1 基础图

设计说明：

(1)基础的混凝土强度等级为 C25,基础垫层混凝土为 C10,砖基础为 M10 水泥砂浆砌筑。

(2)地面的做法为(从下至上)：

①素土回填夯实；

②100 厚 3:7 灰土垫层；

③60 厚 C15 混凝土垫层；

④20 厚 1:2.5 水泥砂浆抹面。

(3)现场情况:现场土方倒运 80m。

解：

1.划分项目、确定项目名称

(1)确定清单项目名称、编码。

①平整场地(010101001)。

②挖基础土方外墙下宽 800(010101003001),内墙下宽 600(010101003002)。

③混凝土带形基础(010401001)。

④基础垫层(010401006)。

⑤砖基础:内墙下(010301001001)、外墙下(010301001002)。

⑥回填土:室内(010103001001)、基础(010103001002)。

⑦水泥砂浆地面(020101001)。

(2)确定工程内容。

结合《陕西省建设工程工程量清单计价规则》(2009)中的"项目特征"和"工程内容"。

①平整场地:一般不再综合其他内容。

②挖基础土方:拟综合现场运土 80m 和基底钎探。

③混凝土带形基础:混凝土制作、运输、浇捣、养护。

④混凝土垫层:混凝土制作、运输、浇捣、养护。

⑤砖基础:砂浆制作、运输、砌砖、材料运输。

⑥回填土:拟综合现场取土 80m。

⑦水泥砂浆地面:拟综合 100 厚 3:7 灰土垫层和 60 厚 C15 混凝土垫层。

2.计算分部分项工程工程量

(1)有关参数。

$L_{中}=(9.6+6.3)\times2=31.8(m)$

$L_{外}=L_{中}+0.24\times4=32.76(m)$

$L_{内}=(6.3-0.24)\times2+(4.2-0.24)=16.08(m)$

$S_{底}=(9.6+0.24)\times(6.3+0.24)=64.35(m^2)$

$S_{净}=S_{底}-(L_{中}+L_{内})\times0.24=64.35-(31.8+16.08)\times0.24=52.86(m^2)$

(2)平整场地:$S=S_{底}$　　　$S=64.35\ m^2$

(3)挖基础土方:$V=$垫层面积$\times$挖土深度

外墙下垫层面积:$S_1=0.8\times31.8=25.44(m^2)$

内墙下垫层面积:$S_2=0.6\times(16.08-0.28\times4-0.18\times2)=0.6\times14.6=8.76(m^2)$

挖基础土方:挖土深度 $H = 1.5 - 0.6 = 0.9$ (m)

$V = 25.44 \times 0.9 + 8.76 \times 0.9 = 22.90$(外墙下) $+ 7.88$(内墙下) $= 30.78$ (m³)

(4)混凝土带形基础:$V =$ 断面积×长度

$V = (0.2 + 0.24 + 0.2) \times 0.3 \times 31.8 = 6.11$ (m³)

(5)混凝土垫层。

$V =$ 垫层底面积×垫层厚度 $= (25.44 + 8.76) \times 0.1 = 3.42$ (m³)

(6)砖基础:$V = b \times (h + h') \times L$

外墙下:$V = 0.24 \times (1.5 - 0.4) \times 31.8 = 8.40$ (m³)

内墙下:$V = 0.24 \times (1.4 + 0.197) \times 16.08 = 6.16$ (m³)

$V = 8.40 + 6.16 = 14.56$ (m³)

(7)室内回填土:$V = S_{净} \times$ 回填土的厚度

$V = 52.86 \times (0.6 - 0.18) = 22.20$ (m³)

(8)基础回填土:$V =$ 挖土体积—基础实物量

挖土:$V_1 = 30.78$m³   垫层:$V_2 = 3.42$m³   混凝土带基:$V_3 = 6.11$m³

砖基础:

$V_4 = 0.24 \times (1.5 - 0.4 - 0.6) \times 31.8 = 3.82$ (m³)   (外墙下砖基础)

$V_5 = 0.24 \times (1.4 + 0.197 - 0.6) \times 16.08 = 3.85$ (m³)(内墙下砖基础)

砖基础合计:$3.82 + 3.85 = 7.67$ (m³)

或应扣除的砖基础:$(8.40 + 6.16) - 0.24 \times 0.6 \times (31.8 + 16.08) = 7.67$ (m³)

基础回填土:$V = 30.78 - (3.42 + 6.11 + 7.67) = 30.78 - 17.2 = 13.58$ (m³)

(9)地面面积:$S = S_{净}$

$S = 52.86$m²

(10)钢筋工程量:$G = L \times n \times g \times k$

φ16@200 钢筋工程量(Ⅱ钢筋):

单根长度:$L = 0.64 - 0.04 \times 2 = 0.56$ (m)

根数:$n_1 = (9.6 + 0.32 \times 2) \div 0.2 + 1 = 53$ (根)

根数:$n_2 = (6.3 + 0.32 \times 2) \div 0.2 + 1 = 36$ (根)

$n = n_1 \times 2 + n_2 \times 2 = 178$ (根)

φ10 以上螺纹钢筋工程量:$G = L \times n \times g \times k = 0.56 \times 178 \times 1.58 \times 1 = 157.494$ (kg) $= 0.157$t

φ12 钢筋工程量(Ⅰ钢筋):

A、C轴线单根长度:$L = 9.6 - 0.64 + 0.26 \times 2 + (12.5 \times 0.012) = 9.63$ (m)

1、4轴线单根长度:$L = 6.3 - 0.64 + 0.26 \times 2 + (12.5 \times 0.012) = 6.33$ (m)

总长度 $= 9.63 \times 4 \times 2 + 6.33 \times 4 \times 2 = 127.68$ (m) $G = 127.68 \times 0.888 = 113.380$ (kg)

φ10 以上圆钢筋工程量:$G = 113.380$kg $= 0.113$t

(注:0.26 为标准图集中分布筋的搭接长度、受力筋(Ⅰ级)计算弯钩 12.5d,d 为 0.012)

3. 编制分部分项工程量清单表

该工程的分部分项工程量清单见表 15-1。

表 15 - 1 分部分项工程量清单表

序号	项目编码	项目名称	计量单位	工程数量
1	010101001001	平整场地 【工程内容】 挖填土方 场地找平	m^3	64.35
2	010101003001	挖基础土方 【项目特征】 1. 土的类别:三类土 2. 基础类型:带形基础 3. 垫层宽度:0.8m 4. 挖土深度:0.9m 5. 土方运输:现场 80m 【工程内容】 挖土、基底钎探、运输	m^3	22.90
3	010101003002	挖基础土方 【项目特征】 1. 土的类别:三类土 2. 基础类型:带形基础 3. 垫层宽度:0.6m 4. 挖土深度:0.9m 5. 土方运输:现场 80m 【工程内容】 挖土、基底钎探、运输	m^3	7.88
4	010103001001	土方回填 【项目特征】 1. 回填部位:基础回填土 2. 土质要求:一般素土 3. 密实度要求:≥0.97 4. 运输距离:现场 80m 【工程内容】 取土、运输、回填、夯实	m^3	13.58
5	010103001002	土方回填 【项目特征】 1. 回填部位:室内回填土 2. 土质要求:一般素土 3. 密实度要求:按规范要求夯填 4. 运输距离:现场 80m	m^3	22.20

序号	项目编码	项目名称	计量单位	工程数量
6	010301001001	砖基础 【项目特征】 1.砖品种:MU10 红机砖 2.基础类型:条形基础 3.基础深度:1.1～1.4m 4.砂浆强度等级:M10 水泥砂浆	m³	14.56
或	010301001001	砖基础 【项目特征】 1.砖品种:MU10 红机砖 2.基础类型:条形基础 3.基础深度:1.4m 4.砂浆强度等级:M10 水泥砂浆	m³	6.16
	010301001002	砖基础 【项目特征】 1.砖品种:MU10 红机砖 2.基础类型:条形基础 3.基础深度:1.1m 4.砂浆强度等级:M10 水泥砂浆	m³	8.40
7	010401001001	带形基础 【项目特征】 1.基础形式:无梁式带形基础 2.混凝土强度等级:C25 3.混凝土拌合料要求:现场搅拌砾石 【工程内容】 混凝土制作、运输、浇捣、养护	m³	6.11
8	010401006001	垫层 【项目特征】 1.工程部位:带形基础下垫层 2.混凝土强度等级:C10 3.混凝土拌合料要求:现场搅拌砾石 【工程内容】 混凝土制作、运输、浇捣、养护	m³	3.42

序号	项目编码	项目名称	计量单位	工程数量
9	010416001001	现浇混凝土钢筋 【项目特征】 钢筋规格:φ10 以上圆钢筋 【工程内容】 钢筋制作、运输、安装	t	0.113
10	020101001001	水泥砂浆地面 【项目特征】 1.20 厚 1：2.5 水泥砂浆抹面 2.60 厚 C15 混凝土垫层 3.100 厚 3：7 灰土	m²	52.86

【案例分析 15－2】综合习题（±0.00 以上砖混结构主体）

某砖混结构工程(有构造柱)如图 15－2 所示,混凝土等级 C25,砂浆强度等级为 M7.5 水泥石灰砂浆,圈梁高度 400mm,板面标高 3.3m,B－1 板厚 100,B－2 板厚 120,门 M－1:1000mm×2400mm,共 3 樘,外墙上窗 C－1:1500mm×18000mm,共 3 樘,试编制该工程的工程量清单。

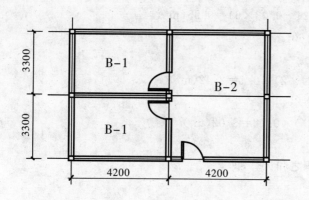
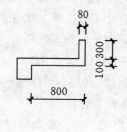

图 15－2　平面图

解:

1. 划分项目、确定项目名称和编码

结构部分在编制清单列项时,一般按分项工程来划分:

①C25 混凝土构造柱:010402001。

②C25 混凝土圈梁:010403004。

③C25 混凝土板按现浇板的名称和厚度分为两种,即平板厚 100 以内(010405003001)、平板厚 100 以上(010405003002)。

④C25 混凝土挑檐(010405007)。

⑤砖墙按墙的类型分为外墙和内墙,即 240 厚外墙(010304001001)、240 厚内墙(010304001002)。

2.计算分部分项工程工程量

(1)有关参数。

$L_{中}=(4.2\times2+3.3\times2)\times2=30.00(m)$

$L_{外}=30.00+4\times0.24=30.96(m)$

$L_{内}=6.6-0.24+4.2-0.24=10.32(m)$

$S_{底}=(4.2\times2+0.24)\times(3.3\times2+0.24)=59.10(m^2)$

$S_{净}=59.10-(30.00+10.32)\times0.24=49.42(m^2)$

(2)构造柱工程量。

角柱 240mm×240mm　4个

$S_1=0.24\times0.24+0.24\times0.03\times2=0.24\times0.3=0.072(m^2)$

一形柱 240mm×240mm　1个

$S_2=0.24\times0.24+0.24\times0.03\times2=0.24\times0.3=0.072(m^2)$

T 形柱 240mm×240mm　4个

$S_3=0.24\times0.24+0.24\times0.03\times3=0.24\times0.33=0.079(m^2)$

$V=(S_1\times4+S_2\times1+S_3\times4)\times H=(0.072\times5+0.079\times4)\times3.3=2.23(m^3)$

(3)圈梁工程量。

$V_1=0.24\times0.4\times(30-0.3\times8)=2.65(m^3)$

$V_2=0.24\times0.4\times(10.32-0.24-0.03\times6)=0.95(m^3)$

$V=V_1+V_2=2.65+0.95=3.60(m^3)$

(4)平板(B-1,厚100)工程量。

$V=(4.2-0.24)\times(6.6-0.24\times2)\times0.1=2.42(m^3)$

(5)平板(B-2,厚120)工程量。

$V=(4.2-0.24)\times(6.6-0.24)\times0.12=3.02(m^3)$

(6)挑檐工程量。

按挑出梁外部分板和翻檐体积之和计算,即

$V=$底板体积+翻檐的体积

底板体积:$V_1=$断面积$\times(L_{外}+宽\times4)=0.8\times0.1\times(30.96+4\times0.8)=2.73(m^3)$

翻檐体积:$V_2=$断面积$\times[L_{外}+(宽-檐厚/2)\times8]$

$\quad\quad\quad=0.08\times0.3\times(30.96+8\times0.76)=0.89(m^3)$

挑檐的体积:$V=V_1+V_2=2.73+0.89=3.62(m^3)$

(7)砖外墙工程量。

$S=(30-0.3\times8)\times(3.3-0.4)-(1\times2.4+1.5\times1.8\times3)=69.54(m^2)$

$V=S\times0.24=16.69(m^3)$

(8)砖内墙工程量。

$S=(10.32-0.24-0.03\times6)\times(3.3-0.4)-1\times2.4\times2=23.91(m^2)$

$V=S\times0.24=5.74(m^3)$

3. 编制工程量清单

分部分项工程量清单如图 15-2 所示。

表 15-2 分部分项工程量清单

序号	项目编码	项目名称	计量单位	工程数量
1	010304001001	空心砖墙 【项目特征】 1. 墙体类型:外墙 2. 墙体厚度:240mm 3. 砖品种规格:承重多孔砖 240×115×90 4. 砂浆等级:M7.5 水泥石灰砂浆	m³	16.69
2	010304001002	空心砖墙 【项目特征】 1. 墙体类型:内墙 2. 墙体厚度:240mm 3. 砖品种规格:承重多孔砖 240×115×90 4. 砂浆等级:M7.5 水泥石灰砂浆	m³	5.74
3	010402001001	矩形柱 【项目特征】 1. 柱截面尺寸:构造柱 2. 混凝土强度等级:C25 3. 拌合料要求:现场搅拌砾石混凝土	m³	2.23
4	010403004001	圈梁 【项目特征】 1. 梁底标高:层高≤3.6m 2. 梁截面尺寸:矩形断面 3. 混凝土强度等级:C25 4. 拌合料要求:现场搅拌砾石混凝土	m³	3.60
5	010405003001	平板 【项目特征】 1. 板底标高:层高≤3.6m 2. 板厚度:$H \leqslant 100$mm 3. 混凝土强度等级:C25 4. 拌合料要求:现场搅拌砾石混凝土	m³	2.42
6	010405003002	平板 【项目特征】 1. 板底标高:层高≤3.6m 2. 板厚度:$H > 100$mm 3. 混凝土强度等级:C25 4. 拌合料要求:现场搅拌砾石混凝土	m³	3.02

序号	项目编码	项目名称	计量单位	工程数量
7	010405007001	挑檐板 【项目特征】 1.混凝土强度等级:C25 2.拌合料要求:现场搅拌砾石混凝土	m³	3.62

【案例分析 15-3】砖混结构工程综合习题(±0.00 以上建筑装饰)

某砖混结构工程如图 15-2 所示,室外地坪—0.6m,门窗均居中安装,建筑装饰设计用料做法见表 15-3,试编制该工程工程量清单。

表 15-3　建筑用料说明(陕 02J01)

项　目	类　别	适用范围	编　号	备　注
散水	混凝土散水	散水部分	散 3	宽度 900
外墙面	外墙面砖	外墙面、挑檐	外 21 外 22	100×50
内墙面	乳胶漆墙面	全部房间	内 17 内 18	白色乳胶漆两遍
踢脚板	同地面		踢 19	高 120
地面	地砖地面	房间	地 28	陶瓷地砖 600×600
顶棚	乳胶漆	挑檐板底	棚 5	白色乳胶漆两遍
顶棚	乳胶漆	室内	棚 6	白色乳胶漆两遍
屋面	上人屋面	全部	屋Ⅱ5	保温层为 90 厚憎水膨胀珍珠岩板 防水层为 2.0mm 厚聚氨酯涂料和 APP 防水卷材

解:

1.划分项目、确定项目名称

(1)确定清单项目名称、编码。

散水分为一个清单项目:010407002。

①墙面分为四个清单项目:

A.块料砖墙面(020204003001)。

B.块料混凝土墙面(挑檐外面)(020204003002)。

C.水泥石灰砂浆墙面(内墙面)(020201001)。

D.抹灰面乳胶漆(020506001)(包括天棚乳胶漆)。

②该天棚划分为两个清单项目:

A.天棚水泥砂浆(挑檐板底)(020301001001)。

B.天棚混合砂浆(室内)(020301001002)。

③该屋面划分为三个清单项目:

A.1∶6 水泥焦渣找坡层(最薄处 30 厚)(010803001001)。

　　B. 憎水膨胀珍珠岩板保温层(厚 90)(010803001002)。

　　C. 防水层及保护层：卷材防水（APP）(010702001)、涂膜防水(010702002)。

　　④该地面划分为三个清单项目：块料地面(020102002)、块料踢脚线(020105003)、室内回填土(010103001)。

　　(2)确定工程内容。

　　根据工程做法,结合《陕西省建设工程工程量清单计价规则》(2009)中的"项目特征"和"工程内容"。

　　①散水综合灰土垫层：块料墙面包括抹灰和面层。

　　②找坡层和保温层：不再综合有关内容。

　　③防水层：拟综合找平层、保温层、防水层、隔离层和地砖保护层。

　　④块料地面：拟综合垫层和结合层。

　　⑤室内素土回填：购土、回填、夯实。

　　⑥墙面、天棚抹灰：综合刷素水泥浆、水泥石灰膏砂浆打底和找平有关内容。

　　⑦油漆涂料：不再综合有关内容。

2. 计算分部分项工程工程量

　　(1)有关参数。

$$L_{中}=(4.2\times2+3.3\times2)\times2=30.00(m)$$

$$L_{外}=30.00+4\times0.24=30.96(m)$$

$$L_{内}=6.6-0.24+4.2-0.24=10.32(m)$$

$$S_{底}=(4.2\times2+0.24)\times(3.3\times2+0.24)=59.10(m^2)$$

$$S_{净}=59.10-(30.00+10.32)\times0.24=49.42(m^2)$$

　　(2)混凝土散水工程量。

$$S=(L_{外}-台阶长)\times散水宽+宽\times宽\times4$$
$$=30.96\times0.9+0.9\times0.9\times4=31.10(m^2)$$

　　(3)找坡层、保温层工程量：按铺设的面积计算。由于该工程屋面为挑檐,即找坡层计算至挑檐栏板的内侧、保温层计算至外墙外皮。

　　即找坡层：$S=S_{底}+挑檐处面积$
$$=59.10+(30.96\times0.72+0.72\times0.72\times4)=83.46(m^2)$$

　　保温层：$S=S_{底}=59.10m^2$

　　(4)防水层工程量：按屋面的水平投影面积计算（含挑檐栏板）。

　　即：$S=S_{底}+挑檐投影面积+挑檐栏板的内侧面积$

　　$S_1=59.10m^2$

　　$S_2=(30.96\times0.8+0.8\times0.8\times4)=27.33(m^2)$

　　$S_3=(30.96+8\times0.72)\times0.3=11.02(m^2)$

　　$S=S_1+S_2+S_3=59.10+27.33+11.02=97.45(m^2)$

　　(5)地板砖地面工程量：按室内净面积计算,门洞开口部分不增加。

　　$S=S_{净}=49.42m^2$

　　(6)室内回填土工程量：按"净面积×回填厚度"计算。

　　$V=S_{净}\times(室内外高差-地面垫层、面层的厚度)$

$= 49.42 \times (0.6 - 0.245) = 17.54(m^3)$

(7)踢脚线工程量:按"图示长度×高度"计算。

$L_1 = (30 - 4 \times 0.24 - 0.24 \times 3) + (10.32 - 0.24 \times 0.5) \times 2 = 48.72(m)$

$L_2 = -1 \times (1 + 2 \times 2) + (0.2 \times 4) = -4.2(m)$

$S = (L_1 + L_2) \times 0.12 = 5.34(m^2)$

(8)块料墙面工程量:按设计图示尺寸以面积以平方米计算(即实贴面积)。

外墙外面:$S = L_{外} \times 高 - 门窗洞口 + 洞口侧壁$

$S_1 = 30.96 \times (3.3 - 0.1 + 0.6) = 117.65 (m^2)$(垂直投影面积)

$S_2 = 1 \times 2.4 + 1.5 \times 1.8 \times 3 = 10.5 (m^2)$(扣门窗洞口面积)

$S_3 = (1 + 2.4 \times 2) \times 0.2 + (1.5 + 1.8) \times 2 \times 0.1 \times 3 = 3.14 (m^2)$(洞口侧壁面积)

$S = S_1 - S_2 + S_3 = 117.65 - 10.5 + 3.14 = 110.29 (m^2)$

(9)挑檐立面:$S = (L_{外} + 8 \times 宽) \times 高 = (30.96 + 8 \times 0.8) \times 0.4 = 14.94(m^2)$

(10)墙面抹灰工程量:其工程量按设计图示尺寸以面积以平方米计算,不增加门窗洞口和孔洞的侧壁及顶面的面积。内墙面按主墙间的净长乘以净高计算。

$S_1 = (4.2 - 0.24 + 3.3 - 0.24) \times 2 \times (3.3 - 0.1) \times 2 = 89.86(m^2)$

$S_2 = (4.2 - 0.24 + 6.6 - 0.24) \times 2 \times (3.3 - 0.12) = 65.64(m^2)$

$S_3 = (1 \times 2.4 + 1.5 \times 1.8 \times 3) + 1 \times 2.4 \times 2 \times 2 = 20.10(m^2)$(扣门窗洞口)

$S = S_1 + S_2 - S_3 = 89.86 + 65.64 - 20.10 = 135.40(m^2)$

(11)天棚抹灰工程量:按设计图示尺寸以水平投影以平方米计算。檐口天棚、带梁天棚梁的两侧抹灰面积并入天棚面积内。

即:$S = S_净 + 梁侧面面积 + 挑檐板底面积$

室内天棚(混合砂浆):$S = 49.42 m^2$

挑檐板底(水泥砂浆):$S = 27.33 m^2$

(12)油漆涂料工程量:抹灰面油漆、涂料按设计图示尺寸以面积(长度)以平方米(米)计算。即:$S = 抹灰面积 = 墙面 + 天棚 = 135.40 + (49.42 + 27.33) = 212.15 (m^2)$

3.编制工程量清单

分部分项工程量清单如表 15-4 所示。

表 15-4 该工程分部分项工程量清单

序号	项目编码	项目名称	计量单位	工程数量
1	010103001001	土方回填 【项目特征】 1.回填部位:室内回填土 2.土质要求:一般素土 3.密实度要求:按规范要求,夯填 4.取土距离:黄土外购 【工程内容】 外购黄土、回填、夯实	m³	17.54

序号	项目编码	项目名称	计量单位	工程数量
2	010407002001	散水 【项目特征】陕 02J01 散 3 1.60 厚 C15 混凝土撒 1：1 水泥砂子,压实赶光 2.150 厚 3：7 灰土垫层,宽出面层 300mm	m²	31.10
3	010702001001	屋面卷材防水 【项目特征】 1.卷材品种规格：APP 防水卷材 2.防水层做法：陕 02J01 屋Ⅱ5 ①8～10 厚地砖用 3 厚 1：1 水泥砂浆粘贴 ②25 厚 1：3 水泥砂浆找平层 ③2～3 厚麻刀灰(或纸筋灰)隔离层 ④1.2 厚 APP 防水卷材一道	m²	97.45
4	010702002001	屋面涂膜防水 【项目特征】 1.防水膜品种规格：聚氨酯涂膜防水 2.防水层做法：陕 02J01 屋Ⅱ5 ①2 厚聚氨酯防水涂膜一道 ②25 厚 1：3 水泥砂浆找平层	m²	97.45
5	010803001001	保温隔热屋面 【项目特征】 1.保温隔热部位：屋面找坡层 2.保温隔热材料：1：6 水泥焦渣 3.保温层厚度：最薄处 30 厚	m²	83.46
6	010803001002	保温隔热屋面 【项目特征】 1.保温隔热部位：屋面保温层 2.保温材料：憎水膨胀珍珠岩板 3.保温层厚度：H＝90 厚	m²	59.10
7	020102002001	地砖地面 【项目特征】陕 02J01 地 28 1.铺 6～10 厚 600×600 陶瓷地砖 2.5 厚 1：2.5 水泥砂浆粘结层 3.20 厚 1：3 干硬性水泥砂浆结合层 4.素水泥浆一道 5.60 厚 C15 砼垫层 6.150 厚 3：7 灰土垫层	m²	49.42

序号	项目编码	项目名称	计量单位	工程数量
8	020105003001	块料踢脚线 【项目特征】 1.踢脚线高度:120mm 2.做法:陕 02J01 踢 19 ①600×120 地砖踢脚 ②5 厚 1：2 水泥砂浆粘结层 ③8 厚 1：3 水泥砂浆打底扫毛	m²	5.34
9	020201001001	墙面一般抹灰 【项目特征】 1.墙体类型:内砖墙面 2.工程做法:陕 02J01 内 17 ①6 厚 1：0.3：2.5 水泥石灰砂浆抹面 ②10 厚 1：1：6 水泥石灰砂浆打底	m²	135.40
10	020204003001	块料墙面 【项目特征】 1.墙体类型:外砖墙面 2.工程做法:陕 02J01 外 21 ①1：1 聚合物水泥砂浆勾缝 ②粘贴 6～8 厚 100×50 面砖 ③4 厚聚合物水泥砂浆粘结层 ④6 厚 1：2.5 水泥砂浆找平 ⑤12 厚 1：3 水泥砂浆打底扫毛	m²	110.29
11	020204003002	块料墙面 【项目特征】 1.墙体类型:外混凝土墙面(或挑檐栏板立面) 2.工程做法:陕 02J01 外 22 ①1：1 聚合物水泥砂浆勾缝 ②粘贴 6～8 厚 100×50 面砖 ③4 厚聚合物水泥砂浆粘结层 ④6 厚 1：2.5 水泥砂浆找平 ⑤12 厚 1：3 水泥砂浆打底扫毛 ⑥刷界面处理剂	m²	14.94
12	020301001001	天棚抹灰 【项目特征】 1.天棚类型:现浇混凝土天棚(挑檐板底) 2.工程做法:陕 02J01 棚 5 ①5 厚 1：2.5 水泥砂浆抹面 ②5 厚 1：3 水泥砂浆打底扫毛 ③刷素水泥浆一道(内掺建筑胶)	m²	27.33

序号	项目编码	项目名称	计量单位	工程数量
13	020301001002	天棚抹灰 【项目特征】 1. 天棚类型:现浇混凝土天棚(室内) 2. 工程做法:陕 02J01 棚 6 ①5 厚 1∶0.3∶2.5 水泥石灰砂浆抹面找平 ②5 厚 1∶0.3∶3 水泥石灰砂浆打底扫毛 ③刷素水泥浆一道(内掺建筑胶)	m²	49.42
14	020506001001	抹灰面油漆 【项目特征】 1. 基层类型:一般抹灰 2. 油漆品种:刷白色乳胶漆两遍	m²	212.15

15.2　清单计价案例分析

【案例分析 15 - 4】完成给定分部分项工程量清单招标最高限价的计价工作

依据按照 2004 年《陕西省建筑装饰工程消耗量定额》、《陕西省建筑装饰工程消耗量定额(2004)补充定额》、2009 年《陕西省建设装饰市政园林绿化工程价目表建筑装饰册》及 2009 年《陕西省建设工程工程量清单计价费率》,除甲供材、甲方暂定材料单价外,其余的材料和机械均同 2009 年《陕西省建设装饰市政园林绿化工程价目表建筑装饰册》中的价格。招标文件要求所有的材料考虑 10%风险因素。见表 15 - 5。

表 15 - 5　分部分项工程量清单计价表

序号	项目编码	项目名称	计量单位	工程数量	综合单价(元)	合价(元)
1	010103001001	土方回填 【项目特征】 1. 回填部位:基础回填土 2. 土质要求:一般素土 3. 密实度要求:按规范要求夯填 4. 取土距离:现场 50m 以内 【工程内容】 取土、运输、回填、夯实	m³	4.10		
2	010304001002	空心砖墙 【项目特征】 1. 墙体类型:内墙 2. 墙体厚度:240 3. 砖品种规格:KP1 承重多空砖 4. 砌筑砂浆:预拌 M7.5 混合砂浆	m³	10.39		

序号	项目编码	项目名称	计量单位	工程数量	综合单价(元)	合价(元)
3	010416001002	圆钢筋 【项目特征】 1.钢筋规格:φ10 以内 2.钢筋连接方式:焊接连接 【工程内容】 钢筋制作、运输、安装	t	2.000		
4	020403001002	块料墙面 【项目特征】 1.墙体类型:挑檐栏板外立面 2.工程做法: ①1:1 聚合物水泥砂浆勾缝 ②粘贴 8 厚 45×100 白色面砖缝宽 10mm ③4 厚聚合物水泥砂浆粘接层 ④6 厚 1:2 水泥砂浆找平 ⑤12 厚 1:3 水泥砂浆打底扫毛	m²	16.22		

计算综合单价过程必须有消耗量定额的编号、定额项目名称、直接工程量、管理利润。具体内容如表 15－6 所示。

表 15－6 综合单价计算表

综合单价计算工程表	
室内回填土	
空心砖墙	
钢筋	
挑檐面砖	

解:分部分项工程量清单计价表 15－7 所示。

表 15－7 分部分项工程量清单计价表

序号	项目编码	项目名称	计量单位	工程数量	综合单价(元)	合价(元)
1	010103001001	土方回填 【项目特征】 1.回填部位:基础回填土 2.土质要求:一般素土 3.密实度要求:按规范要求夯填 4.取土距离:现场 50m 以内 【工程内容】 取土、运输、回填、夯实	m³	4.10	28.35	116.22

序号	项目编码	项目名称	计量单位	工程数量	综合单价(元)	合价(元)
2	010304001002	空心砖墙 【项目特征】 1.墙体类型:内墙 2.墙体厚度:240 3.砖品种规格:KP1 承重多空砖 4.砌筑砂浆:预拌 M7.5 混合砂浆	m³	10.39	327.01	3397.63
3	010416001002	圆钢筋 【项目特征】 1.钢筋规格:φ10 以内 2.钢筋连接方式:焊接连接 【工程内容】 钢筋制作、运输、安装	t	2.000	6418.17	12836.34
4	020403001002	块料墙面 【项目特征】 1.墙体类型:挑檐栏板外立面 2.工程做法: ①1:1聚合物水泥砂浆勾缝 ②粘贴 8 厚 45×100 白色面砖 缝宽 10mm ③4 厚聚合物水泥砂浆粘接层 ④6 厚 1:2 水泥砂浆找平 ⑤12 厚 1:3 水泥砂浆打底扫毛	m³	16.22	91.57	1485.27

表 15－8　综合单价计算表

综合单价计算过程表	
室内回填土	定额工程量:4.10÷100＝0.041(100 m³) 套陕西定额 1－26:回填夯实素土 基价(含风险):1690.5＋27.64×(1＋10％)＋107.72＝1828.62(元) 套陕西定额 1－32:单(双)轮车运土 50m　　基价:690.48 元 直接工程费:1828.62×0.041＋690.48×0.041×1.22＝109.51(元) 管理费:(1690.5×0.041＋690.48×0.041×1.22)×3.58％＝3.72(元) 利润:(1690.5×0.041＋690.48×0.041×1.22)×2.88％＝2.99(元) 分部分项工程费:109.51＋3.72＋2.99＝116.22(元) 综合单价:116.22÷4.1＝28.35(元/m³)

综合单价计算过程表

空心砖墙	定额工程量：10.39÷10＝1.039(10 m³) 套陕西定额 3-37 换：承重粘土多孔砖墙(1 砖厚) 换算后基价(含风险)：524.58－1.89×0.69×42＋[2114.19＋1.89×(280－173.27)]×(1＋10％)＝3017.31(元) 直接工程费：3017.31×1.039＝3134.99(元) 管理费：3134.99×5.11％＝160.20(元) 利润：(3134.99＋160.20)×3.11％＝102.48(元) 分部分项工程费：3134.99＋160.20＋102.48＝3397.67(元) 综合单价：3397.67÷10.39＝327.01(元/m³)
钢筋	定额工程量＝清单工程量＝2.000t 套陕西定额 4-6 换：圆钢 φ10 以内 换算后基价(含风险)： 728.28＋(3667.82－1.02×3550)×(1＋10％)＋1.02×5000＋42.19＝5921.97(元) 直接工程费：5921.97×2.0＝11843.94(元) 管理费：11843.94×5.11％＝605.23(元) 利润：(11843.94＋605.23)×3.11％＝387.17(元) 分部分项工程费：11843.94＋605.23＋387.17＝12836.34(元) 综合单价：12836.34÷2.0＝6418.17(元/t)
挑檐面砖	定额工程量：16.22÷100＝0.1622(100 m²) 套陕西定额 10-438 换：(水泥砂浆粘贴)砖墙面含灰缝面砖周长在 500mm 以内换算后基价(含风险)：4246.65＋[2925.96＋90.888×(35－25)＋0.739×(198.34－215.42)]×(1＋10％)＋80.14＝8531.23(元) 直接工程费：8531.23×0.1622＝1383.77(元) 管理费：1383.77×3.83％＝53.00(元) 利润：(1383.77＋53.00)×3.37％＝48.42(元) 分部分项工程费：1383.77＋53.00＋48.42＝1485.19(元) 综合单价：1485.19÷16.22＝91.57(元/m²)

【案例分析 15-5】根据给定条件,完成工程的竣工结算工作

西安市某工程采用工程量清单招标,业主于 2011 年 8 月 25 日开标,结果由某公司以 13.50 万元(含养老保险费)中标,中标工期 60 日历天,工期从 9 月 1 日算起,合同按招标文件的条件进行了签订。分部分项工程费为 10.00 万元,其中混凝土圈梁、地砖清单报价如图 15-9所示。

表 15－9 分部分项工程量清单计价表

序号	项目编码	项目名称	计量单位	工程数量	综合单价（元）	合价（元）
5	010403004001	现浇混凝土构件 1.构件类型:混凝土圈梁 2.混凝土强度等级:C25 3.拌合料要求:商品砾石混凝土	m³	40.00		
6	020102002001	地砖地面 1.素水泥浆(掺建筑胶)一道 2.20mm 厚 1:3 水泥砂浆结合层 3.5mm 厚 1:2.5 水泥砂浆粘接层 4.铺 10mm 厚 600×600 地砖	m²	100.0		

1.招标文件及投标报价时的情况

(1)招标文件:C25 商品混凝土为业主暂定单价材料(单价 350 元/m³),其余材料均由施工单位采购,并考虑材料费±10%的风险因素。

(2)报价策略:投标人借用 2004 年《陕西省建筑装饰工程消耗量定额》及《陕西省建筑装饰工程消耗量定额补充定额》,所报的人工单价为 45 元/工日,地砖单价 100 元/m²(市场单价100 元/m²),管理费、利润的费率按《陕西省建设工程工程量清单计价费率》中的费率下浮20%计算,可竞争性措施项目费用的费率按分部分项工程费的 2.5%计算。其余材料和机械,投标人均根据市场情况采用《陕西省建筑装饰工程价目表》(2009)的单价,并考虑了招标文件要求 10%的风险因素。不可竞争费用按规定计算,《陕西省建筑装饰工程价目表》(2009)的混凝土 C20 单价 163.39 元/m³,C20 混凝土送混凝土单价 183.53/m³。

2.合同及施工时的情况

合同约定如下:①当某一分项工程实际工程量比清单工程量增加或减少 15%内时执行原投标综合单价;当某一分项工程实际工程量比清单工程量增加或减少 15%以上时,超出 15%部分工程量的综合单价按原投标综合单价的 0.90 计算。(单价调整系数约定为管理费和利润部分的调整)。②措施费用调整执行 2009 年《陕西省建设工程工程量清单计价规则》规定,按投标报价中原则计算(只考虑费率部分)。

C25 商品混凝土的双方确认单价 320 元/m³,地砖由施工单位采购,双方共同认可的价格为 130 元/m²。

工程完工后,经甲乙双方已确认,混凝土圈梁、地砖实际完成的工程量分别为 35m³、160m²,其余未发生变化。其他所有情况均未发生变化。

试计算结算时的工程造价。

解:(1)计算现浇混凝土圈梁的原综合单价,套用陕西定额 B4－1。

换算后基价(含风险)＝$0.53×45+(190.51-1.005×183.53)×(1+10\%)+1.005×300+1.36=333.38$(元)

综合单价＝$333.38×(1+5.11\%×80\%)×(1+3.11\%×80\%)×40÷40=355.64$(元/m³)

(2)计算地砖地面原综合单价,套用陕西定额 10－70。

换算后基价(含风险)＝34.01×45＋[9901.83＋103.50×(100－90)]×(1＋10％)＋82.84＝13643.80(元)

综合单价＝13643.80×(1＋3.83％×80％)×(1＋3.37％×80％)×1÷100＝144.41(元/m²)

(3)40m³ 的±15％为 34～46m³,实际现浇混凝土圈梁为 35m³,在 15％以内,执行原投标综合单价,工程价款为:35×355.64＝12447.40(元)

100m² 的±15％为 85～115m²,实际地砖地面为 160m²,超出了 15％,工程价款为:115×144.41＋(160－115)×144.41×0.9＝22455.76(元)

实际分部分项工程费＝100000－40×355.64＋12447.40－100×144.41＋22455.76
　　　　　　　　　＝106236.56(元)

调整的可竞争性措施项目费＝(106236.56－100000)×2.5％＝155.91(元)

(4)差价计算。

①商品混凝土差价:双方确认单价为 320 元,差价＝1.005×(320－300)×35＝703.50(元)

②地砖差价:100 元的±10％为 90～110 元,地砖确认单价为 130 元,上涨幅度超过 10％,应计取差价,差价＝160÷100×103.50×[130－100×(1＋10％)]＝3312(元)

(5)调整部分安全及文明施工费＝[(106236.56－100000)＋155.91＋703.50＋3312]×3.8％＝395.50(元)

调整部分规费＝[(106236.56－100000)＋155.91＋703.50＋3312＋395.50]×4.67％
　　　　　　＝504.52(元)

调整部分税金＝[(106236.56－100000)＋155.91＋703.50＋3312＋395.5＋504.52]×3.41％＝385.60(元)

(6)结算造价(扣除暂列金额)＝135000＋(106236.56－100000)＋155.91＋703.50＋3312＋395.50＋504.52＋385.60－3000＝143693.59(元)

扣除甲供钢筋材料款及劳动保险后的结算造价＝143693.59－2.5×5000×1.01/1.022－[143693.59÷(1＋3.41％)÷(1＋4.76％)]×3.55％＝126631.59(元)

【案例分析 15－6】合同索赔

该工程被某公司以 13.5 万元中标后,合同按招标文件的条件进行了签订,合同中没有明确约定有关索赔事件的处理办法,在施工过程中发生了如下事件:

施工进行到 9 月 10 日的时候,按进度计划开始绑扎基础钢筋,承包人安排了 3 名管理人员和 7 名钢筋工按时到达施工现场,由于钢筋未能即时运达,根据现场业主代表的要求钢筋工现场等待,准备随时施工,结果导致停工三天。随后,承包人向业主提出了索赔申请。

问:承包人可提出的索赔内容有什么? 若有费用,索赔费用是多少? 计算方法是什么?

解: (1)钢筋为甲供材料,钢筋未能及时运至现场,为发包人的原因。《陕西省建设工程工程量清单计价费率》的规定,承包人按照双方约定进入施工现场后,因发包人原因造成连续停工超过 24 小时,且不存在转移施工机械和人员的必要条件,发生的停工损失,由发包人承担,并应按索赔程序办理。

承包人可提出的索赔内容有工期索赔和费用索赔。其中工期索赔应根据停工导致总工期延误的天数进行索赔,费用索赔是指停工损失费的索赔。

(2)停工损失费索赔额的计算。

施工人员停工损失费＝施工现场所用工作人员停工总工日数×基期综合日工资单价

$$=(3+7)\times42\times3$$
$$=1260(元)$$

施工机械停工损失费$=\sum$（电动卷扬机、钢筋调直、切割、弯曲机、对焊机、电渣焊机等停工
天数×对应的各种机械的台班价目表单价）×0.4

模板、脚手架停工损失费$=\sum$（模板、脚手架停工天数×模板、脚手架对应的租赁单价/天）

 思考与练习

1. 简述条形基础的土方工程量的计算规则。
2. 简述条形基础混凝土的工程量的计算。
3. 简述墙面抹灰的工程量的计算。

第16章
广联达软件简介

16.1　土建算量软件 GCL2013

土建 GCL2013 软件的整体操作流程如下:启动软件→新建工程→工程设置→建立轴网→定义构建→绘制构建→汇总计算→打印报表→保存工程→退出软件。

1. 软件的启动与退出

(1)软件启动的操作步骤如下:一种方法是通过鼠标左键单击 Windows 菜单打开:"开始"→"所有程序"→"广联达土建算量软件 GCL2013";另一种方法是直接双击桌面上的快捷图标,如图 16-1 所示。

图 16-1

(2)软件退出的操作步骤如下:点击菜单栏的"文件"→"退出"即可退出广联达软件土建算量软件 GCL2013,如图 16-2 所示。

图 16-2

2. 新建工程

(1)在启动软件后,鼠标左键单击"新建向导"按钮,弹出新建工程向导窗口,如图 16-3 所示。

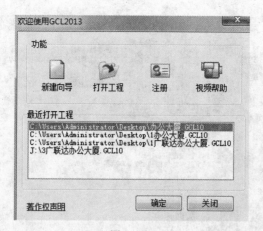

图 16-3

(2)在新建向导窗口中输入工程名称。例如,在"工程名称"栏输入"办公大厦",如果同时选择清单规则和定额规则,即为清单标底模式或清单投标模式;若只选择清单规则,则为清单招标模式;若只选择定额规则,即为定额模式。这里我们以清单招标的模式为例,如图 16-4所示。然后单击"下一步"按钮。(注:可以根据自己所在的地区,选择相应的计算规则及定额库)如图 16-4 所示。

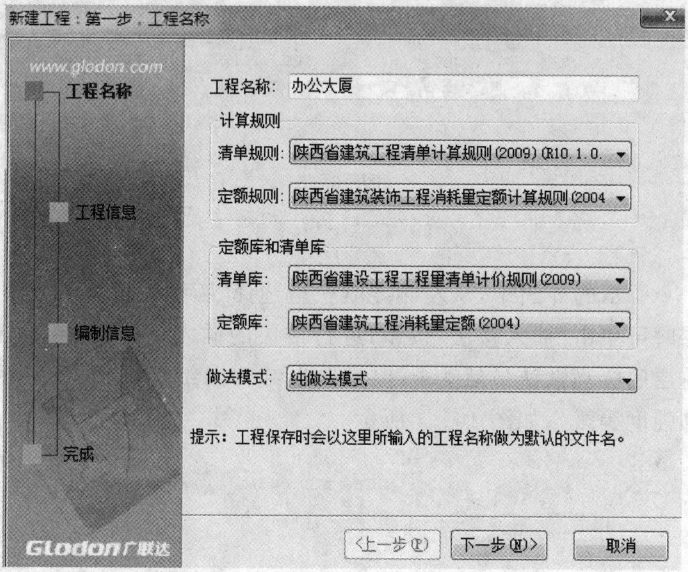

图 16-4

(3)连续点击"下一步"按钮,分别输入工程信息、编制信息,直到出现图 16-5 所示的"完成"窗口。

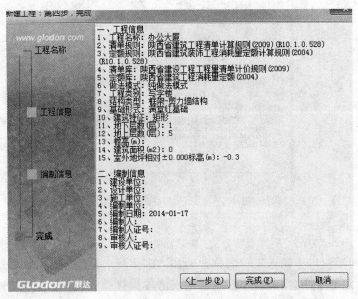

图 16-5

(4)点击"完成"按钮,完成工程新建任务,自动显示图 16-6 所示的界面。

	编码	名称	层高(m)	首层	底标高(m)	相同层数	现浇板厚(mm)	建筑面积(m2)
1	1	首层	3.000	☑	0.000	1	120	
2	0	基础层	3.000	☐	-3.000	1	120	

图 16-6

3. 工程设置

(1)在图 16-6 所示的界面中,从左侧导航栏里选择"工程设置"下的"楼层信息"。

(2)建立楼层时可单击"插入楼层"按钮,进行楼层的插入,根据图纸输入各层层高及首层底标高。这里,首层底标高默认虽然为 0,但是要以结构图纸标高输入,然后设置每层中构建的混凝土标号(即强度等级),如图 16-7 所示。

	编码	名称	层高(m)	首层	底标高(m)	相同层数	现浇板厚(mm)	建筑面积(m2)	备注
1	5	机房层	4.000	☐	15.500	1	120		
2	4	第4层	3.900	☐	11.600	1	120		
3	3	第3层	3.900	☐	7.700	1	120		
4	2	第2层	3.900	☐	3.800	1	120		
5	1	首层	3.900	☑	-0.100	1	120	666.370	
6	-1	第-1层	4.300	☐	-4.400	1	180		
7	0	基础层	0.500	☐	-4.900	1	500		

标号设置 [当前设置楼层: 第4层,11.600 ~ 15.500]

	构件类型	砼标号	砼类别	砂浆标号	砂浆类别	备注
1	基础	C20	普通砼(坍落度10~9	M5	混合砂浆 32.5	包括除基础梁、垫层以外的基础构件
2	垫层	C20	普通砼(坍落度10~9	M5	混合砂浆 32.5	
3	基础梁	C20	普通砼(坍落度10~9			
4	砼墙	C25	普通砼(坍落度10~9			包括连梁、暗梁、端柱、暗柱
5	砌块墙			M5	混合砂浆 32.5	
6	砖墙			M5	混合砂浆 32.5	
7	石墙			M5	混合砂浆 32.5	
8	梁	C25	普通砼(坍落度10~9			

图 16-7

4. 建立轴网

(1)在左侧导航栏中点击"绘图输入",鼠标左键点击选择轴网构件类型。

(2)双击轴网,点击"构件列表"框工具栏按钮"新建"→"新建正交轴网",如图 16-8 所示。

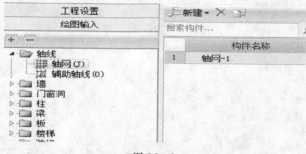

图 16-8

(3)默认为"下开间"数据定义界面,在常用值的列表中选择"3000"作为下开间的轴距,并单击"添加"按钮,或直接双击,在左侧的列表中会显示所添加的轴距,单击"上开间"同样输入,然后选择"左进深",在常用值的列表中选择"3000",或直接输入,并单击"添加"按钮,依次添加进深尺寸。这样"轴网-1"就定义好了。注意下开间与上开间相同只需输入一方,左进深与右进深也是一样的。

(4)点击工具条中的"绘图"按钮,自动弹出输入角度对话框,输入角度"0",单击"确定"按钮,就会在绘图区域画上刚刚定义好的"轴网-1"。如图 16-9 所示。

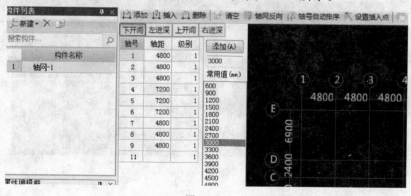

图 16-9

5. 定义构建

定义构件主要有新建构建和设置其属性与建立轴网相似,这里以构件墙为例。

(1)鼠标单击构件树"墙"前面的"+"号展开,选择"墙"构件类型。如图 16-10 所示。

(2)点击工具菜单中的"定义"按钮,左键单击构件列表中的"新建"→"新建墙"按钮新建墙构件。

(3)在"属性"编辑框界面显示出刚才所建立的"Q-1"的属性信息,可以根据实际情况选择或直接输入墙属性值,比如类别、材质、厚度等。

(4)同时右侧会出现套做法的页面,通过查询清单库和定额库或直接输入清单编码和定额编号。如图 16-11 所示。

图 16-10   图 16-11

6. 绘制构建

套好做法后点击工具栏"绘图"按钮,切换到绘图界面,点击绘图工具栏"直线"按钮,在绘图区域绘制墙构件,如图 16-12 所示。

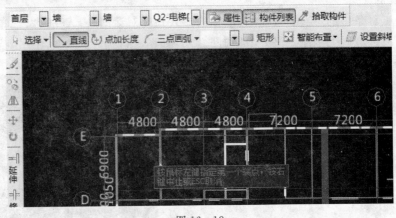

图 16-12

7. 汇总计算

(1)左键点击菜单栏的"汇总计算",如图 16-13 所示。

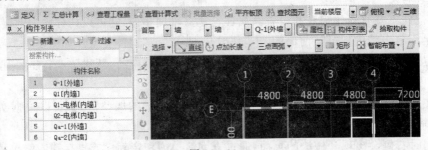

图 16-13

（2）屏幕弹出"确定执行计算汇总"对话框，点击"确定"按钮。

（3）计算汇总结束点击"确定"即可，如图 16－14 所示。

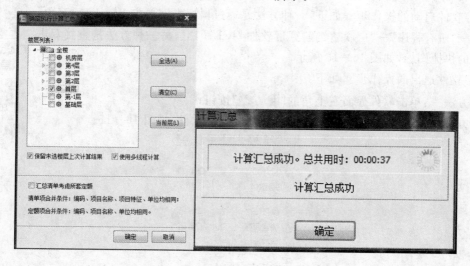

图 16－14

8. 打印报表

（1）在左侧导航栏中选择"报表预览"，弹出"设置报表范围"的窗口，选择需要输出的楼层及构件，点击"确定"。

（2）在导航栏中选择需要预览的报表，在右侧就会出现报表预览界面。如图 16－15 所示。

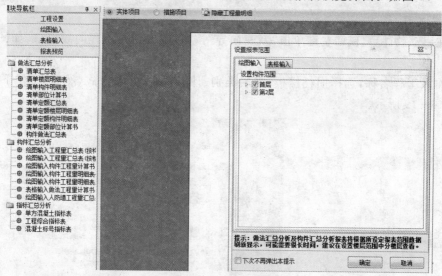

图 16－15

16.2　钢筋算量软件 GCL2013

钢筋 GCL2013 软件的整体操作流程如下：启动软件→新建工程→工程设置→绘图输入（建立轴网—定义构建—设置属性—绘制构建）→汇总计算→打印报表→保存工程→退出

软件。

1. 软件的启动与退出

(1)软件启动的操作步骤如下：一种方法是通过鼠标左键单击 Windows 菜单：
"开始"→"所有程序"→"广联达钢筋算量软件 GCL2013"；另一种方法是直接双击
桌面上的快捷图标，如图 16 - 16 所示。

广联达钢筋
算量
GGJ2013

图 16 - 16

(2)软件退出的操作步骤如下：

①方法一：单击软件界面右上角的"　Ｘ　"按钮；

②方法二：通过"文件"菜单下的"退出"功能退出软件，见图 16 - 17。

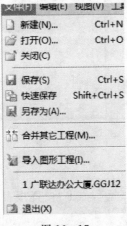

图 16 - 17

2. 新建工程

(1)在启动软件后，鼠标左键单击"新建向导"按钮，弹出新建工程向导窗口，如图 16 - 18
所示。

(2)输入工程名称，选择损耗模板、报表类别、计算规则、汇总方式，然后点击"下一步"按
钮，如图 16 - 19 所示。

图 16 - 18

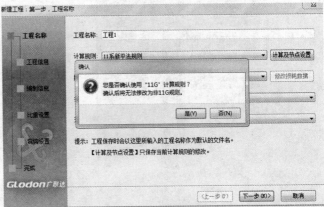

图 16 - 19

（3）连续点击“下一步”按钮，出现图 16 - 20 所示的“完成”窗口。

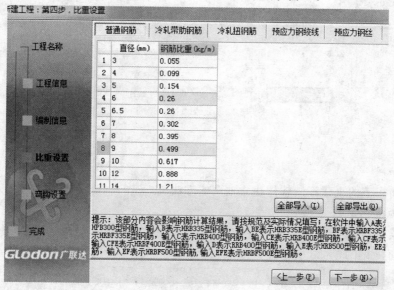

图 16 - 20

（4）点击“完成”即可完成工程的新建。注意以上信息根据实际情况进行修改，如图 16 - 21 所示。

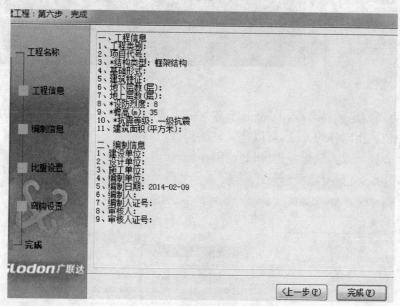

图 16 - 21

3. 工程设置

在左侧导航栏中选择“工程设置”下的“楼层设置”，输入首层的“底标高”，点击“插入楼层”按钮，进行楼层的添加。如图 16 - 22 所示。

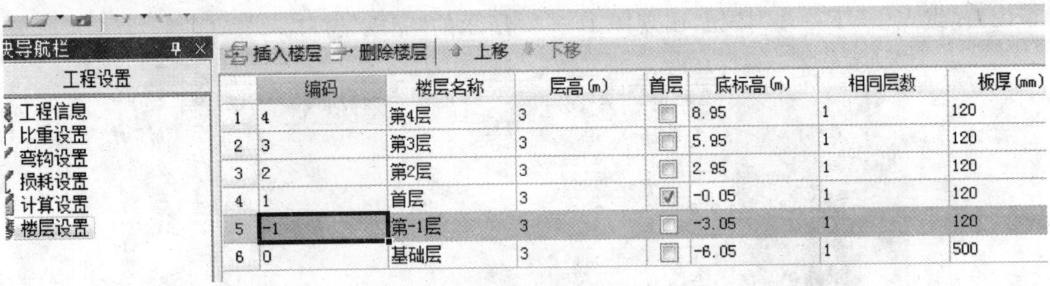

	编码	楼层名称	层高(m)	首层	底标高(m)	相同层数	板厚(mm)
1	4	第4层	3	☐	8.95	1	120
2	3	第3层	3	☐	5.95	1	120
3	2	第2层	3	☐	2.95	1	120
4	1	首层	3	☑	-0.05	1	120
5	-1	第-1层	3	☐	-3.05	1	120
6	0	基础层	3	☐	-6.05	1	500

图 16-22

4. 建立轴网

操作同前一节的土建算量软件建立轴网的方法。

5. 定义构建

(1)在“绘图输入”导航栏中的构件结构列表中选择“剪力墙”，点击“定义”按钮，进入剪力墙的定义界面，如图 16-23 所示。

图 16-23

(2)在剪力墙的定义界面，点击“新建”，建立剪力墙构件 JLQ-1，可以根据实际情况输入剪力墙的属性值。用同样的方法，可以建立其他构件，如柱、梁、门窗洞等，然后点击“绘图”按钮或在构件列表区域双击鼠标左键，回到绘图界面，如图 16-24 所示。

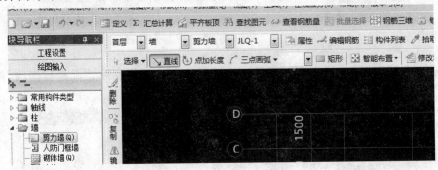

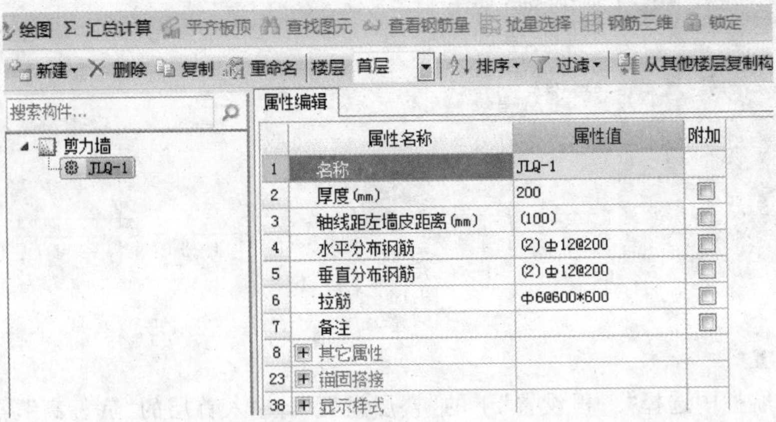

	属性名称	属性值	附加
1	名称	JLQ-1	
2	厚度(mm)	200	☐
3	轴线距左墙皮距离(mm)	(100)	☐
4	水平分布钢筋	(2)ф12@200	☐
5	垂直分布钢筋	(2)ф12@200	☐
6	拉筋	ф6@600*600	☐
7	备注		☐
8	+ 其它属性		
23	+ 锚固搭接		
38	+ 显示样式		

图 16-24

6.绘制构建

（1）在绘图界面，点击鼠标左键选择"直线"法绘制剪力墙图元。

（2）在轴网中点击鼠标左键，选择轴与轴交点，然后点击鼠标右键确定，在屏幕的绘图区域内会出现所绘制的剪力墙，如图 16-25 所示。

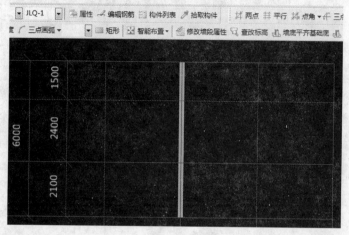

图 16-25

7.汇总计算

操作同土建算量软件。

8.报表打印

操作同土建算量软件。

绘图样例如图 16-26 所示。

图 16-26

16.3 广联达计价软件 GBQ4.0

软件的整体操作流程为：建立项目→编制清单及投标报价。

16.3.1 新建项目

(1)启动软件。双击桌面上"广联达计价软件 GBQ4.0"图标见图 16-27(1),在弹出的界面中选择工程类型为"清单计价",再点击"新建项目",如图 16-27(2)所示,软件会进入"新建标段"界面。

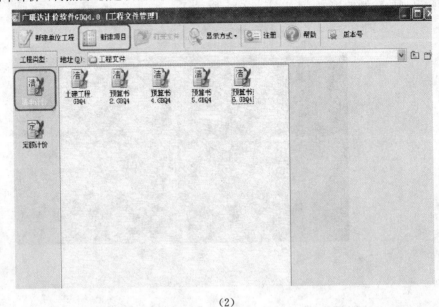

(1)　　　　　　　　　　　　　　　(2)

图 16-27

(2)新建标段。新建标段时注意以下问题:

①选择清单计价"招标"或"投标",选择"地区标准"。

②输入项目名称,如"广联达大厦",则保存的项目文件名也为"广联达大厦"。另外报表也会显示工程名称为"广联达大厦"。

③输入一些项目信息,如建设单位、招标代理等,点击"确定"完成新建项目,进入项目管理界面如图 16-28 所示。

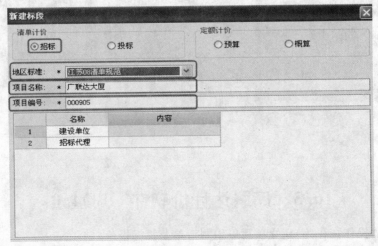

图 16-28

(3)项目管理。

①点击"新建",选择"新建单项工程",软件进入新建单项工程界面,输入单项工程名称后,点击"确定",软件回到项目管理界面,如图 16-29 所示。

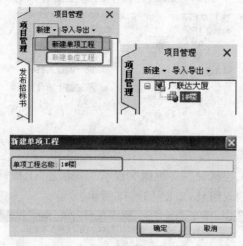

图 16-29

②点击"1#楼",再点击"新建",选择"新建单位工程",软件进入单位工程新建向导界面,如图 16-30 所示。

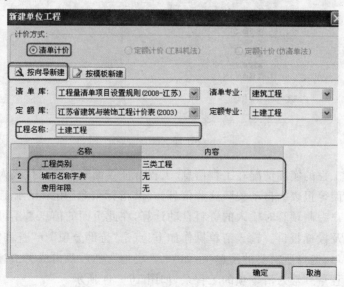

图 16-30

注意:确认计价方式,按向导新建;选择清单库、清单专业、定额库、定额专业;输入工程名称,输入工程相关信息,如:工程类别、建筑面积;点击"确定",新建完成。

根据以上步骤,也可以建立一个工程项目,如图 16-31 所示。

图 16-31

16.3.2 编制清单及投标报价

(1)打开新建的单位工程。在项目管理窗口选择要编辑的单位工程,使
用双击鼠标左键或点击功能区"编辑"按钮,进入单位工程主界面,如图16-32所示。

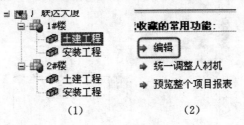

(1)   (2)

图 16-32

(2)工程概况。点击"工程概况",工程概况包括工程信息、工程特征及指标信息,可以在右
侧界面相应的信息内容中输入信息,如图16-33所示。

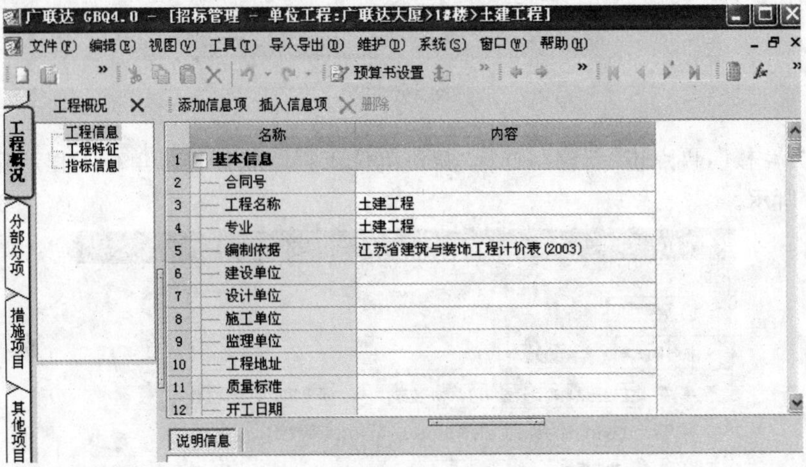

图 16-33

注意:①根据工程的实际情况在工程信息、工程特征界面输入法定代表人、造价工程师、结
构类型等信息,封面等报表会自动关联这些信息。②"指标信息"用来显示工程总造价和单方
造价,系统根据用户编制预算时输入的资料自动计算,在此页面的信息是不可以手工修改的。

(3)编制清单及投标报价。输入清单操作如下:点击"分部分项"→"查询窗口",在弹出的
查询界面,选择清单,选择所需要的清单项,如"平整场地",然后双击或点击"插入"输入到数据
编辑区,然后在工程量列输入清单项的工程量,如图16-34所示。

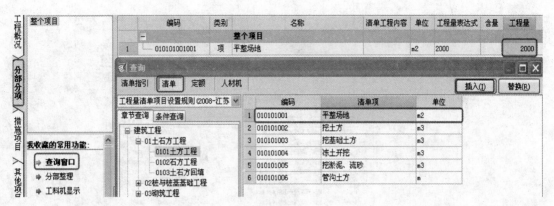

图 16-34

(4)设置项目特征及其显示规则。点击属性窗口中的"特征及内容",在"特征及内容"窗口中设置要输出的工作内容,并在"特征值"列通过下拉选项选择项目特征值或手工输入项目特征值,然后在"清单名称显示规则"窗口中设置名称显示规则,点击"应用规则到所选清单项"或"应用规则到全部清单",软件则会按照规则设置清单项的名称,如图 16-35 所示。

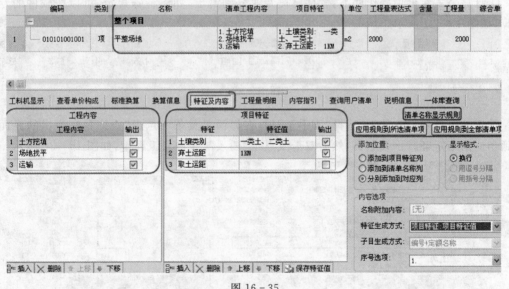

图 16-35

(5)组价:点击"内容指引",在"内容指引"界面中根据工作内容选择相应的定额子目,然后双击"输入",并输入子目的工程量,如图 16-36 所示。

注意:当子目单位与清单单位一致时,子目工程量可以默认为清单工程量。可以在"预算书属性"里进行设置。

图 16-36

(6)措施项目。

①计算公式组价项操作如下:软件已按专业分别给出,如无特殊规定,可以按软件的专业计算,如图 16-37 所示。

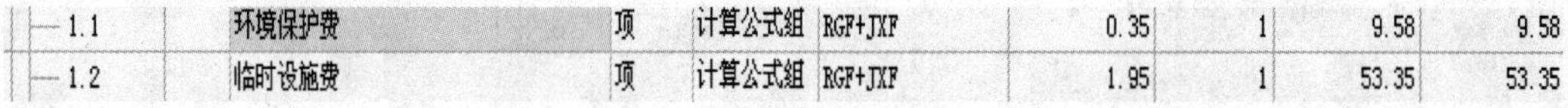

| —1.1 | | 环境保护费 | 项 | 计算公式组 | RGF+JXF | 0.35 | 1 | 9.58 | 9.58 |
| —1.2 | | 临时设施费 | 项 | 计算公式组 | RGF+JXF | 1.95 | 1 | 53.35 | 53.35 |

图 16-37

②定额组价项操作如下:选择"脚手架"项,在界面工具条中点击"查询",在弹出的界面里找到相应措施定额脚手架子目,然后双击或点击"插入",并输入工程量,如图 16-38 所示。

图 16-38

（7）其他项目。

①招标人：在计算基数列分别输入"预留金"和"材料购置费"。

②投标人：根据工程实际，输入"总承包服务费"和"零星工作费"，如图16-39所示。

序号		名称	计算基数	费率(%)	金额	费用类别	不可竞争费
1	—	其他项目			142000		
2	— 1	招标人部分			140000	招标人部分	
3	— 1.1	预留金	40000		40000	预留金	☐
4	— 1.2	材料购置费	100000		100000	材料购置费	☐
5	— 2	投标人部分			2000	投标人部分	
6	— 2.1	总承包服务费	200000	1	2000	总承包服务费	☐
7	— 2.2	零星工作费	零星工作费		0	零星工作费	☐

图16-39

（8）人材机汇总。直接修改市场价操作如下：点击"人材机汇总"，选择需要修改市场价的人材机项，鼠标点击其市场价，输入实际市场价，软件将以不同底色标注出修改过市场价的项，如图16-40所示。

		编码	类别	名称	规格型号	单位	数量	预算价	市场价	市场价合计	价差
新建 删除	1	04004	机	载重汽车4t		台班	4	249.46	249.46	997.84	0
所有人材机	2	401035	材	周转木材		m3	2	1249	1249	2498	0
人工表	3	513109	材	工具式金属脚手		kg	580	3.4	3.4	1972	0
材料表	4	GLF	管	管理费		元	2284	1	1	2284	0
机械表 设备表	5	GR2	人	二类工		工日	206	26	26	5356	0
主材表	6	GR3	人	三类工		工日	114	24	24	2736	0
分部分项人材机 措施项目人材机 甲供材料表 主要材料指标表	7	QTCLF	材	其他材料费		元	560	1	1	560	0

图16-40

（9）费用汇总。点击"费用汇总"进入工程取费窗口。广联达计价软件GBQ4.0内置了本地的计价办法，可以直接使用，如果有特殊需要，也可自由修改，如图16-41所示。

	序号	费用代号	名称	计算基数	基数说明	费率(%)	金额	费用类别
1	1	A	分部分项工程量清单计价合计	FBFXHJ	分部分项合计		6,460.00	分部分项工程量清单合计
2	2	B	措施项目清单计价合计	B1+B2	技术措施费+组织措施费		19,100.11	措施项目清单合计
3	2.1	B1	技术措施费	JSCSF	技术措施项目合计		18,859.40	
4	2.2	B2	组织措施费	ZZCSF	组织措施项目合计		240.71	
5	3	C	其他项目清单计价合计	QTXMHJ	其他项目合计		142,000.00	其他项目清单合计
6	4	D	规费	ZJF+JSCS_ZJF	分部分项直接费+技术措施项目直接费		20,948.00	规费
7	5	E	安全文明施工专项费					安全文明施工专项费
8	6	F	工程定额测定费	A+B+C+D+E	分部分项工程量清单计价合计+措施项目清单计价合计+其他项目清单计价合计+规费+安全文明施工专项费	0	0.00	工程定额测定费
9	7	G	税金	A+B+C+D+E+F	分部分项工程量清单计价合计+措施项目清单计价合计+其他项目清单计价合计+规费+安全文明施工专项费+工程定额测定费	3.41	6,428.13	税金
10	8		含税工程造价	A+B+C+D+E+F+G	分部分项工程量清单计价合计+措施项目清单计价合计+其他项目清单计价合计+规费+安全文明施工专项费+工程定额测定费+税金		194,936.24	工程造价

查询费用代码	查询费率信息		
— 费用代码		费用代码	费用名称	费用金额
分部分项	1	FBFXHJ	分部分项合计	6460
措施项目	2	ZJF	分部分项直接费	4888
其他项目	3	RGF	分部分项人工费	3876
人材机 分包费 变量表	4	CLF	分部分项材料费	0

图16-41

（10）报表。点击"报表"，选择需要浏览或打印的报表，如图 16 - 42 所示。

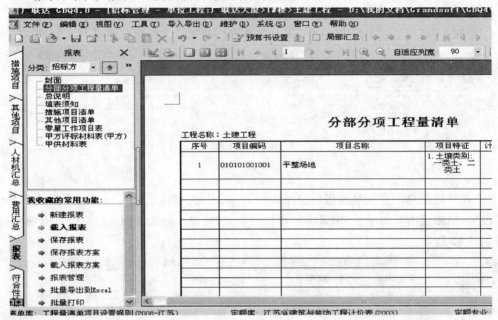

图 16 - 42

参考文献

[1]住房和城乡建设部. 建设工程工程量清单计价规范(GB 50500—2013)[S].北京:中国计划出版社,2003.

[2]黎诚,梁秋娟. 建筑工程计量与计价[M].北京:冶金工业出版社,2011.

[3]董学军,邓学国. 建筑工程计量与计价[M].大连:大连理工大学出版社,2009.

[4]刘良军,王春梅. 建筑工程计量与计价[M].西安:西安交通大学出版社,2010.

[5]高文杰,娜仁高娃. 建筑工程计量与计价[M].西安:西安交通大学出版社,2012.

[6]曾爱民.工程建设定额原理与实务[M].北京:机械工业出版社,2010.

[7]颜伟峰.陕西省建筑装饰市政园林绿化工程价目表(建筑装饰册)[M].西安:陕西人民出版社,2009.

[8]张玉生,等. 建筑计量计算实训教程(陕西版)[M].重庆:重庆大学出版社,2012.

图书在版编目(CIP)数据

建筑工程计量与计价/李作宽主编. —西安:西安
交通大学出版社,2014.7(2015.8重印)
ISBN 978 - 7 - 5605 - 6477 - 7

Ⅰ.①建… Ⅱ.①李… Ⅲ.①建筑工程-计量-高等
职业教育-教材②建筑造价-高等职业教育-教材
Ⅳ.①TU723.3

中国版本图书馆 CIP 数据核字(2014)第 151579 号

书　　名	建筑工程计量与计价	
主　　编	李作宽	
责任编辑	祝翠华	
出版发行	西安交通大学出版社	
	(西安市兴庆南路 10 号　邮政编码 710049)	
网　　址	http://www.xjtupress.com	
电　　话	(029)82668357　82667874(发行中心)	
	(029)82668315(总编办)	
传　　真	(029)82668280	
印　　刷	陕西奇彩印务有限责任公司	
开　　本	787mm×1092mm　1/16　印张 15.125　字数 358 千字	
版次印次	2014 年 8 月第 1 版　2015 年 8 月第 2 次印刷	
书　　号	ISBN 978 - 7 - 5605 - 6477 - 7/TU・128	
定　　价	32.80 元	

读者购书、书店添货,如发现印装质量问题,请与本社发行中心联系、调换。
订购热线:(029)82665248　(029)82665249
投稿热线:(029)82668133
读者信箱:xj_rwjg@126.com